Stefanie Kauschus
Schafe scheren

Stefanie Kauschus

Schafe scheren

Schur-Techniken Schritt für Schritt

140 Schwarzweißfotos
15 Tabellen

Inhaltsverzeichnis

Vorwort

Der moderne Schafscherer erntet nicht nur Wolle. Er ist Athlet, Präzisionsmechaniker, Ökotrophologe, Psychologe und Businessman, gekoppelt mit einem Quäntchen Reiselust, einem Händchen für Schafe, aber vor allem sein eigener Boss. Er kann sich die Menschen mit denen er zusammenarbeitet (meistens) aussuchen und auch die Auftraggeber, nur der eigene Ehrgeiz diktiert den Plan. In seinem Job werden keine trockenen Bewerbungen geschrieben, kein Papier verschwendet, kein Satz zu viel gesagt – ein Anruf, und die Leistung zählt.

Dieses Buch richtet sich an alle, die sich für die Schafschur interessieren, insbesondere diejenigen, die sich fragen: Wo fange ich an und wo höre ich auf?

Besonderer Dank gilt all denen, die für dieses Buch einen kleinen Teil ihres Lebens preisgaben, um dem Leser auch einen Blick hinter die Kulissen zu gestatten: Wer sind die Schafscherer eigentlich?

Stefanie Kauschus

Einmal Scherer, immer Scherer.

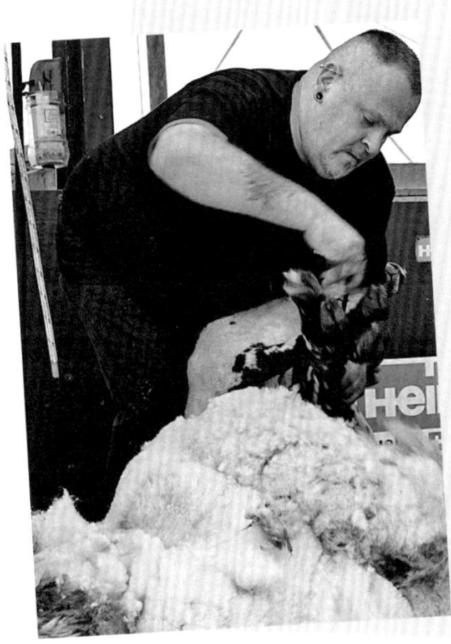

Eberhard Gast (1959) Brandenburg

Eberhard Gast arbeitet hauptberuflich im Wachdienst und schert nebenbei Schafe. Bei den Deutschen Meisterschaften 2011 in Wüsting erhielt er die Sonderauszeichnung für die beste Schurqualität unter allen teilnehmenden deutschen Scherern. In Schottland kam er 2012 im internationalen Feld auf den 6. Platz in der Juniorklasse, obwohl er mit seiner Bankschur-Methode und dem noch einzigartigen Bindestil hohe Zeitstrafpunkte in Kauf nehmen musste.

Wenn Eberhard Gast auf einer ausländischen Meisterschaft Schafe schert, haben Zuschauer keine Chance auf Blickfang. Wie eine Wand bauen sich vor dem kleinen Scherer Menschen mit Fernsehkameras, Smartphones und Tabletcomputer auf, ja selbst die Richter zücken ihre Digicam aus der Hosentasche. Er ist ein Außergewöhnlicher unter den Scherern, mit einer Technik, die kaum noch jemand beherrscht, von der er selbst sagt: „Ich bin der letzte Mohikaner."

Eberhard Gast begann 1974 eine Ausbildung als Zootechniker (Tierwirt) in der Landwirtschaftlichen Produktionsgenossenschaft (LPG) Wiesenau, nahe der polnischen Grenze südlich von Frankfurt/Oder. Nach Beendigung seiner Lehre wusste er: „*... das ist nicht meins, ich kann mein Leben nicht unter einer Kuh verbringen.*" Er entschied sich für eine Extraausbildung als Klauenpfleger für Kühe und arbeitete als solcher bis er Peter Denzer traf, den er noch aus der Lehre kannte. Peter hatte Schäfer gelernt und fragte Eberhard, ob er nicht Lust hätte, Schafe zu scheren. Scherer seien gefragt und man verdiene dabei ganz gut.

Am 1. Oktober 1979 schor Eberhard sein erstes Schaf. „*Ich wollte nach vier Wochen Schafescheren schon wieder aufhören. Wenn am Abend alle in die Kneipe sind, habe ich meinen schmerzenden Rücken beweint.*"

Zu dem Zeitpunkt ahnte er noch nicht, dass er da einer ganz besonderen Scherkolonne angehörte, denn die Scherer banden dem Schaf zur Schur die Beine zusammen.

Gustav Schreiber brachte diese uralte Bindetechnik aus seiner pommerschen Heimat mit und gründete in Altbarnim eine eigene Schertruppe, welcher auch Walter Neumann angehörte, der Eberhards Lehrmeister war. Neumann und ein weiterer Scherer namens Fritz Glasekamp verfeinerten diese Bindetechnik zu dem Stil, den Eberhard heute noch anwendet.

Etwa acht Wochen, nachdem Eberhard sein erstes Schaf geschoren hatte, kam er nach Trebatsch bei Beeskow. Er schor 50 Mastlämmer an einem Tag, und von da an ging es aufwärts mit dem Scheren.

„Für jeden Scherer in der DDR waren 10.000 Schafe im Jahr vorgesehen.“ Das war eine Sollerfüllung (Mindestleistung), die vom Staat erwartet wurde, aber die meisten schoren ohnehin mehr. *„Die Schafe waren das Standbein der LPGs und der Wollscheck nach der Schur brachte jede LPG wieder in die schwarzen Zahlen, bei 80–120 Mark/kg für Reinwolle.“*

1989 mit der Wiedervereinigung Deutschlands, sank die Zahl der Schafe in der ehemaligen DDR dramatisch. *„Schäfer und Scherer waren kopflos, keiner wusste wie weiter“*. Eberhard schor noch ein Jahr nach der Wende, aber das *„selber herumfahren und an der Tür klopfen“* lag nicht im Wesen seiner Natur. Nach einem Schertag im Jahr 1990 verkaufte er dem dortigen Schäfer sein Scherzeug samt Tasche und Kittel. Von heute auf morgen kehrte er dem Schererleben den Rücken und somit geriet auch das Wissen um die alte Bindetechnik vorerst in Vergessenheit.

1991 begann Eberhard eine Umschulung und erlebte zwei Firmenpleiten. Danach sattelte er auf den Wachdienst um, seine fünfte Ausbildung wohl bemerkt. Das Multitalent arbeitete seit 1999 als Wachmann an einer Tankstelle. Sein Arbeitsleben wurde erneut aufgemischt, als er an der Tankstelle häufigen Besuch von zwei großen Männern bekam. Einer davon rauchte nur den stärksten Tabak. Eberhard kannte ihn von früher, er war Schäfer und jetzt Schafscherer. Irgendwann fragten die beiden Eberhard, ob er nicht mal wieder Schafe scheren wolle, er sei doch mal Schafscherer gewesen. Er bejahte beides und fügte hinzu, dass er keinen Motor mehr habe. So bastelten die beiden Männer eine Maschine für Eberhard, sodass er nach zehn Jahren wieder anfing, Schafe zu scheren. Bald kam er auf seine alte Leistung und realisierte, was ihm in den letzten zehn Jahren gefehlt hat: die Schererei, mit allem was dazugehört. *„Einmal Scherer, immer Scherer.“*

Was genießt du als Schafscherer am meisten?

... herumreisen.
... das Gesellige.
... Leute kennenlernen.

Was gefiel dir als Schafscherer überhaupt nicht?

... das russische Material, die Kämme waren Rohlinge, du brauchtest einen halben Tag zum Einschleifen und jeden einzelnen Zahn musste man feilen. Da war ich mal in Eisleben und habe zwei Hauptnerkämme mitgehen lassen, die waren Goldstaub wert. Die habe ich am Abend nach dem Schleifen in der Hosentasche behalten, sonst wären die am nächsten Morgen weg gewesen.
... damals wurden aus Schäfermangel oft ungelernte Leute angestellt, die von Schafen keine Ahnung hatten. Die Schafe waren dann häufig in schlechter Verfassung.

Was macht aus deiner Sicht einen guten Schafscherer aus?

... er muss gut zum Schaf sein, es ist ein Lebewesen, das empfindet auch was.
... sauber scheren.
... der Kontakt zu Schäfern muss gepflegt werden, sie sind diejenigen, die uns die Arbeit geben.
... mit der Arbeit beeindrucken.
... Mensch bleiben.

Was waren besonders schöne Momente als Schafscherer und welche nicht?

... die Feste bei den LPGs waren sehr gesellig, Schaf am Spieß und so.
... wo mehrere Brigaden zusammenkamen, an großen Plätzen 3000–6000 Schafe, 10–15 Scherer, da war Volksfeststimmung.
... die Wende 1989. Das war der Tiefpunkt meiner Karriere.

1 Von der urzeitlichen Haarernte zur modernen Schafschur

Das ständige Nachwachsen von Wolle ist Voraussetzung für die Arbeit der Schafscherer. Im Verlauf der Domestizierung und Zucht von Schafen ging der natürliche Mechanismus des Haarwechsels verloren und machte eine Schur notwendig. Heutzutage wird dieses Handwerk teilweise mit einem derart fanatischen Drang nach Perfektionismus betrieben, dass sich Schafscherer regelmäßig in Wettbewerben messen und sie diese Tätigkeit am liebsten als Disziplin bei den Olympischen Spielen sehen möchten.

Aber wie kam es überhaupt dazu, dass Wolle abgeschoren werden musste, und war es die Mühe tatsächlich wert?

1.1 Die urzeitliche Ernte von Schafhaaren

Früheste Belege einer Schafschur und Funde von eindeutig als Schurwerkzeuge identifizierten Utensilien stammen aus der Zeit um 1000 v. Chr. Die Nutzung von Schafhaaren und wollartigen Fasern kann dank archäologischer Indizien noch weiter zurückdatiert werden. Demnach sind Schafe neben Hund und Ziege die am frühesten domestizierten Tiere und wurden bereits um 9000 v. Chr. in Vorderasien und um 7000 v. Chr. in Griechenland und Osteuropa als Haustiere gehalten.

Die allgemeine Erderwärmung nach der letzten Eiszeit und das daraus resultierende Bevölkerungswachstum forcierten erhebliche Siedlungsaktivitäten, wodurch jagdbares Wild regional selten wurde. Unsere Ureinwohner waren gezwungen, wilde Tiere für ihren wachsenden Fleischbedarf, aber auch für rituelle Opferzwecke und für die Nutzung als Handelsware zu zähmen. Im Neolithikum (4500–3500 v. Chr.) war die planmäßige Selektion männlicher Schafe bereits Bestandteil einer organisierten Schafhaltung. Böcke, die zur weiteren Anpaarung ungeeignet schienen, wurden geschlachtet oder kastriert. Zu dieser Zeit wurde das Schaf in erster Linie als Fleisch-, Milch- und Hautlieferant gehalten und sein Dung als Feuermaterial genutzt. In zunehmendem Maße verwerteten die Urmenschen auch einzelne Schafhaare für den Gebrauch im Haushalt und Alltag. Die ursprünglichste und einfachste Form einer urzeitlichen Haarernte war das Absammeln von losen Haaren. Mit Anbruch der warmen Jahreszeit ließen sich auswachsende Winterhaare leicht aus dem Fell bürsten. Später wurden primitive messerartige Alltagsgegenstände aus Knochen oder Stein zum Abschneiden der Wolle benutzt.

Kaschmirernte in der Mongolei

Die superfeine Kaschmirwolle der Kaschmirziegen wird in einigen Ländern heute noch mit primitivsten Methoden geerntet, ähnlich derer in der Urzeit. In der Mongolei holen z. B. die Ziegenhalter im zeitigen Frühjahr ein Tier nach dem anderen in ihre Jurte, fesseln die Beine und fixieren das Tier auf der Seite liegend an den Hörnern am Hauptbalken der Jurte. Mit einem striegelähnlichen Kamm bürsten sie geduldig erst eine Seite des Tieres, dann die andere, was mitunter Stunden dauern kann. Ein Ziegenhirt schafft pro Tag selten mehr als zwei Tiere. Den Ziegen scheint diese Prozedur (und Aufmerksamkeit) jedenfalls zu gefallen, sie liegen ganz still und lassen sich ihr wertvolles Unterhaar genussvoll ausbürsten. Kaschmirwolle ist sehr wertvoll und wird mit über 120 US$/kg gehandelt (Stand 2012).

1.2 Das Wildschaffell im Wandel – vom Haarschaf zum Wollschaf

Das Fell der Wildschafe war ursprünglich haarig und wechselte saisonal. Ein langes, derbes Oberhaar und feines, dichtes Unterhaar schützte vor kalten Wintertemperaturen. Im Frühjahr stießen die Wildschafe ihr Oberhaar ab und es blieb ein glatt anliegendes und kurzes Sommerfell.

Die Urmenschen wertschätzten die Vorzüge des flauschigen Unterhaars zunehmend und begannen die feine Unterhaarbildung bewusst zu fördern. Dazu wählten sie Schafe mit besonders ausgeprägtem Unterhaarwuchs aus und paarten sie mit Tieren gleicher Veranlagung. Unbewusst übernahmen sie damit die Aufgabe von Mutter Natur. Der natürliche Selektionsdruck lag nun vielerorts in Menschenhand und der Grundstein einer lang andauernden Veredlung des Felles war gelegt.

Die Primärfollikel, das sind diejenigen Haaransatzstellen in der Oberhaut, die für den groben Haarwuchs verantwortlich sind, wurden allmählich kleiner, weniger oder verschwanden ganz. Sekundärfollikel zur feineren Haarentstehung setzten sich durch, verdrängten die groben Oberhaare und dominierten schließlich den Fellbesatz der Schafe. Verglichen mit dem ursprünglichen Fell der Wildschafe nahm die klare optische Unterscheidbarkeit zwischen Ober-, Unter-, Winter- oder Sommerfell immer mehr ab. Im Laufe dieser Entwicklung und mit der klaren Absicht, Wollhaare nutzen zu können, ging auch der natürliche Mechanismus des Fellwechsels verloren. Eine Art Prototyp des Wollschafes (etwa 6000 v. Chr) war geschaffen und damit die Notwendigkeit einer bis dahin unbekannten Tätigkeit in der Menschheitsgeschichte, der Wollernte.

In den kaukasischen Hügeln und Tälern und entlang der Ufer des Schwarzen Meeres fand man in Kleidung eingearbeitete Feinwollfasern als Beweis dafür, dass dort bereits im Neolithikum (4500–3500 v. Chr.) Feinwollschafe kultiviert waren.

Für das mittel- und westeuropäische Festland und Nordafrika gibt es allerdings bis dahin keine Beweise für das Vorhandensein von Schafen, die als Haustiere gehalten wurden. Die in diesen Regionen lange vor dieser Zeit vorkommenden Wildschafe wurden durch die Eismassen der letzten Eiszeit verdrängt. Der dadurch limitierte Zugang zu verbleibenden Tieren reichte gerade noch für die Nahrungssicherung der Urmenschen und führte schließlich zur nahezu vollständigen Ausrottung der Wildschafarten. Erst im Zuge zunehmender Völkerwanderungen aus Süden und Südosten verbreiteteten sich wieder Schafe in Mittel- und Westeuropa. Wolle wurde nun aktiv zur Herstellung von Alltagskleidung, Decken, Wandbehänge und anderen Haushaltgegenständen verarbeitet und so die Veredlung der Wolle vorangetrieben.

Besondere Spielarten der Haare, wie z. B. die Lockenbildung der Pelzschafe oder Schafe mit ausgesprochen langem Wollwuchs, sind Ergebnisse jahrtausendelanger Domestizierung. Im weiteren Verlauf der Schafhaltung und gezielter Zucht auf Wollhaare, favorisierte man hellere Fellfarben gegenüber den natürlich vorkommenden grauen oder rötlich braunen, um Wolle besser färben zu können.

1.3 Wollernte bis zum 19. Jahrhundert und von der Schafwäsche

Im Zeitalter der Metallverarbeitung erfuhr die Wollernte neue Dimensionen. Mit scharfen Messern und Scheren konnte die Wolle effektiver geschnitten werden. Es entstand die Schafhandschere, eigens entwickelt zur Wollernte an Schafen.

Bis zur Entwicklung der elektrischen Schermaschinen im 19. Jahrhundert veränderten sich die Schneidwerkzeuge unerheblich, wie folgender Textauszug aus dem Buch „Die Wollkunde“ von 1873 bestätigt.

Im Jahr 1892 schor der Australier Jackie Howe mit der Handschere (engl.: *Blades*) 321 Schafe in 7 Stunden und 40 Minuten. Hätten an diesem Tag mehr Schafe zur Verfügung gestanden, wären es noch mehr geworden. Niemand in Australien hat es je wieder geschafft,

Quelle: Die Schafzucht; Erster Teil: Die Wollkunde: 1873, B Die Schur, 3. Das Scheren, S. 456

„Das Scheeren geschieht vermittelst der allbekannten Schafscheere; einige fast unwesentliche Veränderungen abgerechnet, ist dies so primitive Instrument noch immer dasselbe, wie es unsere Urväter benutzten, dieselbe liefert, wenn nicht gar sehr sorgfältig und mit großem Zeitaufwande gearbeitet wird, ein sehr mittelmäßiges Resultat...

„... so hat schon vor einer Reihe von Jahren Eckert in Berlin eine Schafscheermaschine construirt, welche aber auf dem Modelboden steht, auch wird im Jahrgang 1866 Nr. 21 des Anzeigers der schlesischen Landwirtschaftlichen Zeitung eine in Amerika konstruirte Schafscheermaschine beschrieben, doch auch diese scheint, so weit mir bekannt keinen Eingang gefunden zu haben.“

mit der Handschere so viele Schafe in dieser Zeit zu scheren. Die hohe Stückzahl geschorener Schafe ist möglicherweise darauf zurückzuführen, dass diese gewaschen waren.

Im 19. Jahrhundert, als die Wolle großes Ansehen genoss und der Wollhandel und die Wollverarbeitung in Europa konzentriert waren, forderten wollverarbeitende Fabriken von den Lieferanten gereinigte Wolle. Sie sollte vor allem frei von pflanzlichen Bestandteilen, Dornen und Pflanzensamen sein, was die Wolle von Übersee häufig enthielt. Das Waschen der Schafe vor der Schur war weltweit bis ins 20. Jahrhundert hinein üblich und ein Segen für die Scherer. Scherwerkzeug stumpf machende Faktoren wie Staub, Dreck oder Sand wurden dadurch erheblich reduziert. Gewaschene Wolle war leichter, was sich wiederum positiv auf den Transport auswirkte, da der Landweg noch mit Pferde-, Rinder- oder in Ländern der südlichen Hemisphäre mit Kamelgespannen üblich war.

Quelle: Die Schafzucht; Erster Teil: Die Wollkunde: 1873, B Die Schur, 1. Die Wäsche, S.418/419

„Wird die Wolle im Schweiße geschoren, so kann solche entweder in diesem Zustande an den Fabrikanten verkauft werden, wie solches bisher fast durchgängig in Frankreich geschah; oder sie wird, ehe sie als Waare an den Markt gestellt wird, vorher noch gewaschen, man nennt dies die Vlies-Wäsche. In Spanien und in einigen Gegenden Russlands ist diese Art, die Wolle zu behandeln, gebräuchlich. In Deutschland ist bisher mit im ganzen wenigen Fällen, wo die Wolle im ungewaschenen Zustande an Fabrikanten verkauft wurde, im großen und ganzen die Pelz- oder Rücken-Wäsche gewesen. In neuerer Zeit greift aber auch die Vlieswäsche mehr Platz; das Geschäft des Waschens wird dann aber von „Wollwaschanstalten“ besorgt, welchen der Produzent die im Schweiße geschorene Wolle übergiebt, erst nachdem sie dort vollständig von allem Schmutze und Fette befreit ist, geht sie, jetzt schon fabrikmäßig gewaschen, in die Hand des Fabrikanten über.“

„... Die Spanischen Züchter besorgen denn auch dies Geschäft des Sortierens vor der Wäsche, und haben an Flüssen oder Bächen große Waschwerke (Lavaderos) eingerichtet, in welchen zu gleicher Zeit große Mengen von Wollen gleichen Sortiments gewaschen werden. Die Wäsche geschieht mit warmem Wasser ..“
„... Anders verhält es sich in den Steppen des südlichen Russlands. Dort wird die Wolle auch im Schweiße geschoren, ist solches auch durchaus nöthig, da die Wolle so von dem feinen schwarzen Staube der humosen Ackerkrume durchdrungen ist, dass solcher bei der uns üblichen Rückenwäsche sich gar nicht entfernen lassen würde. Die Russen waschen aber in kaltem Wasser ...“

1.4 Die ersten Schermaschinen

Auf der Grundlage von Pferdeschurscheren gab es seit Mitte des 19. Jahrhunderts etliche erfolglose Versuche, die Schafschur zu mechanisieren. Es war der Ire Frederick Wolseley, der 1876 auf seiner Farm bei Walgett, New South Wales/Australien, das erste brauchbare Handstück mit austauschbarem Kamm und Messer entwickelte. Es dauerte allerdings weitere zehn Jahre, bis dieses Handstück so weit perfektioniert war, dass es bei Schafschuren in Australien und in Neuseeland zum weit verbreiteten Einsatz kam. Die Wollernte gestaltete sich nun wesentlich effektiver, denn mit den Schermaschinen konnte näher an der Haut gearbeitet werden und die Wollausbeute erhöhte sich. Die Schermotoren wurden damals über Dampfmotoren angetrieben.

Durch die maschinelle Schur waren doppelt und mehr geschorene Schafe am Tag möglich. Neuseeländischen Aufzeichnungen zufolge

Alte Handstücke in Australien nach aufsteigendem Alter geordnet (Private Sammlung von Chris Mackrill Euroa, New South Wales/Australien).
Von links: MOFFAT Nr. 7 von 1901, zwei WOLSELEY Scherhandstücke um 1920/1930, LISTER Blue Bird.

gab dort um das Jahr 1900 Scherer, die bis zu 300 Schafe an einem Arbeitstag schoren. Ab 1908 forderten Scherer generell die Bereitstellung von Schermaschinen, wenn Farmer ihre Schafe geschoren haben wollten. Das führte zu einer enormen Nachfrage an Schermaschinen und noch im selben Jahr beginnt die Firmengeschichte von Lister in England. Erste Lister-Schermaschinen wurden 1909 nach Australien und 1910 nach Neuseeland geliefert und in den Schergebäuden fest installiert.

Die stetig größer werdenden Schafpopulationen, vor allem in Neuseeland, forderten zunehmend mehr Professionalität und schnellere Scherer. Diese arbeiteten akribisch an ihrer Schurtechnik und entwickelten infolge den konkav geformten Schurkamm. Durch seine nach außen gebogenen Zähne vergrößerte sich die Arbeitsbreite erheblich und mehr Wolle konnte mit einem Zug abgeschoren werden.

Ohne Zweifel ist beeindruckend, dass sich Aufbau und Funktionsweise der damaligen Handstücke seitdem nur unwesentlich verändert haben. Sie unterscheiden sich von den älteren Modellen nur durch stabileres Material der Verschleißteile, ausgereifterer Funktionalität, höherer Sicherheit, besserer Handlichkeit und einem geringeren Gewicht.

Bis Anfang des 20. Jahrhunderts war die Schur mit der Handschere trotz Mechanisierung weiter üblich. In den späten 1920er-Jahren verkaufte der Handstückpionier Wolseley seine Firma an Lister und weitere Schermaschinenhersteller wie Cooper und später Sunbeam (beide Australien) entstanden. Der europäische Schermaschinenhersteller Heiniger in Herzogbuchhausen/Schweiz produziert seit 1965.

Von links: MOFFAT Virtue Nr. 5, WOLSELEY Nr. 10, LISTER Streamline (die Verstellschraube befindet sich unter dem Handstück), SUNBEAM Handstück um 1970.

1.5 Die Anpassung des Scherstils an die Maschinenschur

Die Einführung der elektrischen Handschermaschinen Anfang des 20. Jahrhunderts löste eine unsagbar rasante Entwicklung hinsichtlich Schurtechnik und Minimierung der Schurzeit aus.

Die bisherige Scherart war mit minimalen Bewegungen und kurzen Zügen für das Bladescheren ausgelegt und sehr unkoordiniert. Für den Maschinengebrauch war es notwendig, die Position des Schafes, des Scherers und die Bewegungsabläufe anzupassen und zu optimieren.

Der Neuseeländer Godfrey Bowen revolutionierte diese Schertechnik. Dazu beobachtete Bowen den Scherstil anderer Scherer sehr genau und filterte daraus vorteilhafte Züge und Haltepositionen heraus, die er dann miteinander kombinierte. Die erhofften Zeiteinsparungen bestätigen sich, als er zeitgleich neben seinem Bruder Ivan schor, der den „alten“ Scherstil beibehielt. Innerhalb weniger Monate entwickelte sich eine sinnvolle Abfolge von Scherzügen, die in ihren Grundzügen bis heute gilt. Der nach ihm benannte Bowen-Stil verbreitete sich danach weit über die Grenzen Neuseelands hinaus.

1.6 Deutschland und seine Scherer – gestern und heute

Während in Australien Arbeitsverweigerung und Streik die Folge waren, wenn Frauen bis ca.1975 (!) auch nur in die Nähe von Schafscherern kamen, galt die Schafschur in einigen Teilen Deutschlands bis 1920 als Frauenarbeit. Aber mit der zunehmenden Nutzung elektrischer Schermaschinen übernahmen Männer die Schafschur auch hier zunächst vollständig.

Nach dem Zweiten Weltkrieg entwickelte sich unter den jeweiligen politischen Bedingungen der beiden geteilten deutschen Ländern nicht nur die Schafzucht, sondern auch die Arbeitsweise der Schafscherer unterschiedlich.

Auf westdeutscher Seite gab es um 1945 weniger als eine Million Schafe. Aufgrund sinkender Wollpreise bevorzugten die Schafhalter dort eine Intensivierung der Fleischschafhaltung. Der größte Teil der Schafscherer hatte einen direkten Bezug zur Schafhaltung. Sie kamen entweder aus Familien mit langjähriger Schafhaltung oder waren selbst Schäfer und schoren im Nebenerwerb.

In den meisten Fällen arbeiteten sie allein oder zu zweit und vorwiegend regional für einen festen Kundenstamm. Neue Aufträge gelangten durch Mundpropaganda an die Scherer, die ihren Scherpreis eigenständig verhandelten. Für größere Herden organisierten sie sich zu kleinen Schertrupps. An der Arbeitsweise hat sich bis heute nicht viel verändert.

Tab. 1 Der Anteil an Bankscherern und Bodenscherern bei den deutschen Meisterschaften der Schafscherer (Werte gerundet)

Deutsche Meisterschaft	Bankscherer	Bodenscherer
2009 in Salem	53 %	47 %
2011 in Wüsting	22 %	78 %
2013 in Deining	21 %	79 %

Mit zunehmender Reiseaktivität ab den 1980er-Jahren schoren deutsche Schafscherer auch in Ländern mit intensiver Schafhaltung, wie Großbritannien, Australien oder Neuseeland. Die Scherer kamen dann mit einem veränderten Scherstil zurück, für den sie ihre Schurbank nicht mehr benötigten.

Die Bankschur sollte trotzdem noch mehrere Jahrzehnte die vorherrschende Art der Schafschur unter den deutschen Schafscherern bleiben. Ein verstärkter Trend zur Bodenschur setzte erst nach der Jahrtausendwende ein.

Anhand der teilnehmenden Scherer bei den deutschen Meisterschaften ist der Zuwachs von Bodenscherern deutlich zu erkennen (siehe Tab. 1).

Diese Zahlen beziehen sich nur auf die Scherer, welche bei den jeweiligen Meisterschaften teilnahmen. Darüber hinaus gibt es in Deutschland eine weitaus größere Zahl von Scherern, die nicht wettbewerbsaktiv sind. Die tatsächliche Zahl der Schafscherer in Deutschland ist allerdings schwer zu ermitteln.

Das Handwerk ums Schafescheren ist kein Ausbildungsberuf. Wie ein Schaf geschoren wird, kann über Kurse oder mithilfe erfahrener Scherer erlernt werden.

1.6.1 Die Scherer der ehemaligen DDR

Die Situation der Scherer in der Deutschen Demokratischen Republik (DDR) war aufgrund differierender Ziele für Schafzucht- und -haltung eine komplett andere als die in der alten Bundesrepublik. Mitte der 1950er-Jahre konzipierte das zentrale Staatsorgan der DDR klar definierte Zuchtziele. Sie waren auf Zweinutzungsschafe mit guten Fleisch- und Wolleigenschaften, aber vor allem auf Wollmasse ausgerichtet. Mit konzentrierter Zucht, Forschung und unter gezieltem Einsatz von künstlicher Befruchtung, verdreifachten sie bis 1989 nicht nur die Anzahl der Schafe, sondern es verdoppelte sich auch der Reinwollertrag pro Tier.

Um diese Wollmassen ernten zu können, waren Berufsscherer nötig, die rund ums Jahr Schafe schoren. Auch in der DDR war die Schafschererei kein Ausbildungsberuf, sondern wurde über einen

Schäfer in der DDR.

Kurs vermittelt. Eine Absolvierung war nicht zwingend gefordert, die meisten Scherer nahmen ihn jedoch in Anspruch und erweiterten mit dem Zertifikat „Staatlich Geprüfter Schafscherer“ ihre Urkundensammlung.

Die Handelsberufsgenossenschaft (HBG) „Goldenes Vlies“, deren Hauptsitz in Eisleben im heutigen Sachsen-Anhalt war, übernahm die Organisation der Stammherdenschur und die Abrechnung der Scherarbeit. Eine Mitgliedschaft war keine Pflicht.

Für jedes geschorene Schaf rechneten sie etwa 2 Mark mit den schafhaltenden Betrieben ab, die Scherer bekamen davon 1,10 Mark. Ein paar Pfennige/Schaf gingen in sogenannte Ausschüttungen. Übernahm ein erfahrener Schafscherer die Beaufsichtigung und Anleitung eines „Schererneulings“, bekam er dafür 3 Pfennig/Schaf Aufwandsentschädigung, der Lehrling selbst 10–15 Pfennig/Schaf „Ermunterungszuschlag“, um ihn bei der Stange zu halten. Solche Zuschläge kamen aus dem Topf der Ausschüttung wie auch Auszeichnungen in Form von Geldprämien für hervorragende und fleißige Leistungen am Ende eines jeden Jahres.

Die Scherer der DDR arbeiteten in kleinen Gruppen zu je 3–4 Scherern und schoren Herdengrößen von 1000 und mehr Schafen, die vorwiegend auf den Landwirtschaftlichen Produktionsgenossenschaften (LPG) gehalten wurden. Die LPGs beherbergten und verpflegten die Scherer während ihres Aufenthaltes, was je nach Herdengrößen mehrere Tage dauerte.

Geschoren wurde von sechs Uhr morgens bis sechs Uhr abends, mit Pausen dazwischen. Nicht selten wurde über den offiziellen Feierabend hinaus geschoren, vor allem dann, wenn private Schafhalter mit ihren Schafen zu den Ställen kamen, um sie ebenfalls scheren zu lassen. Die auf Selbstversorgung getrimmten ländlichen Haushalte der ehemaligen DDR hielten fast alle eigene Tiere. Die Tierhaltung war per Gesetz streng für jede Tierart limitiert war. Die private Schafhaltung war wegen der hervorragenden und stark subventionierten Wollpreise (bis über 100 Mark/kg Reinwolle) durchaus attraktiv, aber auf 30 Schafe pro Haushalt begrenzt. Sie machte ein Viertel des Gesamtschafbestandes der DDR aus.

Die privaten Schafhalter bezahlten die Schafscherer direkt nach der Schur. Diesen Lohn mussten die Scherer nicht bei der HBG Goldenes Vlies abrechnen.

Als 1989 die Mauer fiel, gab es in der DDR etwa 200 Schafscherer (ausnahmslos Bankscherer) und über drei Millionen Schafe. Die Zahl der aktiven Schafscherer nahm dort mit den drastisch sinkenden Schafzahlen nach der Wende stark ab.

Ich dachte, ich kann was und bin Schlag Letzter geworden.

Fred Wachsmuth (1960)
Niedersachsen

Fred lebt zusammen mit seiner Frau Kerstin auf der Deichschäferei Moorhausen bei Oldenburg und schert nicht mehr aktiv.

Er engagiert sich für alles, was mit Schafescheren zu tun hat und ist national und international, bis hin zu Weltmeisterschaften, als Schur-Richter bei Scherwettbewerben tätig.

Fred Wachsmuth ist gelernter Schäfer. 650 Ostmark verdiente ein Schäfer in der ehemaligen DDR. Damals war das viel Geld. Als Scherer der DDR erhielt man 1,10 Ostmark pro geschorenes Schaf und konnte weitestgehend selbstständig arbeiten.

Für Fred war das Anreiz genug, vorerst zumindest. Mit 14 schor er sein erstes Schaf aus der 400 Kopf starken Merinofleischschafherde seines Vaters bei Burg im heutigen Sachsen-Anhalt.

Ab 1981 begab er sich in die Schurlehre von Schafscherer Hartmut Pramschüfer aus Aschersleben. Zu diesem Zeitpunkt konnte er bereits 100 Schafe am Tag scheren.

Nach seinem „Lehrjahr" arbeitete er bis 1994 hauptsächlich mit Bernd Schrödel aus Parchau zusammen. Die beiden kannten sich von daheim, denn Freds Vater hatte auch ihn zum Schäfer ausgebildet. Bereits im zweiten Jahr als offizieller Schafscherer der DDR erhielt Fred eine Prämie als einer der besten Scherer im Land. Die Auszeichnungen waren eine Geldprämie und ein Abzeichen.

Im Juli 1989 stellte er einen Ausreiseantrag für die BRD und eröffnete Gerd Mögelin, seinem Vorgesetzten und Vorsitzenden der Handelsberufsgenossenschaft (HBG) „Goldenes Vlies“, dass er der HBG und dem sozialistischen Staat möglicherweise nicht mehr lange als Schafscherer zu Verfügung stehen wird. Im November 1989 wurde seinem Antrag stattgegeben und Fred zog nach Niedersachsen. Zur gleichen Zeit öffneten sich die deutsch-deutschen Grenzen.

Fred erinnert sich noch gut an seinen ersten Schertag in der neuen Heimat. Er wurde dort von einem älteren Scherer abgeholt und mitgenommen. Auf der Autofahrt zwischen Stade und Wilhelmshaven erklärte er Fred, wie man ein Schaf von der Wolle befreit. Nach Feierabend fuhren sie dann schweigend zurück, denn Fred hatte am Ende des Tages 30 Schafe mehr als sein Kollege geschoren.

Das größte Problem nach seiner Ausreise war, Scherarbeit über das ganze Jahr hinweg zu finden. Deshalb schlug Fred den Schafhaltern vor, es doch einmal mit der Winterschur zu versuchen. Das kam an und seine Aufträge erweiterten sich bald auf halb Winter- und halb Sommerschur und sicherten durchgehend Arbeit.

1992 nahm er erstmalig die neu erworbene Reisefreiheit wahr und fuhr nach Frankreich. Es folgten über 20 Reisen dorthin. Die Familienurlaube waren meistens mit der Teilnahme an einem französischen Scherwettbewerb verbunden.

Die vielen Eindrücke und neuen Kontakte zu anderen Schafscherern über die deutschen Grenzen hinaus prägten sein weiteres Scherleben. Zum einen entschied er sich, *„jetzt oder nie“*, nach 20 Jahren Bankschur auf Bodenschur umzustellen. 1993 nahm er an einem Schur-Lehrgang bei Rod Woods, Maurin Schlumberger und Klaus Kiefer teil und fuhr noch im selben Jahr nach Neuseeland. Dort schor er für Paul Kelly in Taihape, der später auch nach Deutschland kam, um hier mit Fred zu scheren. Während seiner Scherjahre in Deutschland schor Fred mit Scherern aus Frankreich, Schottland, Neuseeland, Österreich und Irland zusammen. Er selbst schor sechs Schersaisonen in Schottland. Sein deutscher Scherbereich erstreckte sich über Norddeutschland von Hannover bis Hamburg. Frankfurt war seine südliche „Grenze“.

Als sich 2003 die Möglichkeit ergab, eine Deichschäferei zu übernehmen, schlug er zu. Er schor noch ein weiteres Jahr, in welchem er deutscher Meister im Schafescheren wurde und repräsentierte Deutschland bei den Schur-Weltmeisterschaften in Toowoomba/Australien. Danach hängte er das Handstück an den berühmten Nagel, um Schäfer statt Scherer zu sein.

Was genießt du als Schafscherer am meisten?

... *unterwegs sein.*
... *Länder, Leute, Abenteurer.*

Was gefiel dir als Schafscherer überhaupt nicht?

... *wenn Schäfer ihre Schafe nicht in Ordnung haben und den Namen nicht verdienen, Schäfer zu sein.*

Welche Stärken muss man haben, um Schafscherer zu werden?

... *Naturtalent. Wenn man das geweckt hat, ist es wie eine Sucht. Als ich aufhörte, wollte ich das nicht aufgeben, die Kontakte, Verbindungen und das Gesellige. Also begann ich bei Schafschur-Wettbewerben zu richten.*

Was macht aus deiner Sicht einen guten Schafscherer aus?

... *Zuverlässigkeit.*
... *Pünktlichkeit.*
... *ordentliche Arbeit.*

Was waren besonders schöne Momente als Schafscherer?

... *das erste Mal bei einer internationalen Meisterschaft in Frankreich. Ich dachte, ich kann was und bin Schlag Letzter geworden.*
... *die Brüderlichkeit und Herzlichkeit, wie du da (in Frankreich) aufgenommen wurdest. Die Weinflasche von dort steht heute noch in meinem Schrank.*
... *bei einer französischen Meisterschaft in der Jugendherberge. Ich hatte bezogenes Bettzeug dabei, wie das bei uns so üblich war, machte mein Bett und als ich am Abend heimkam, lag ein Spanier in meinem Bett.*
... *deutscher Meister im Jahr 2003 und die Weltmeisterschaft in Toowoomba/Australien.*
... *ein Sieg der Seniorklasse in Nantes/Frankreich.*

2 Die Schafschur – warum, wann, womit, wie?

Bevor der Urmensch in den natürlichen Rhythmus der Schafe eingriff, wechselten sie ihr Fell mit Beginn der warmen Jahreszeit. Mit dem Ziel, Haarfasern zu nutzen, deren Qualität zu verbessern und die Wollproduktion zu fördern, hatte man so weit in das ursprüngliche System der Tiere eingegriffen, dass eine Schur notwendig wurde. Dabei geht es weniger um den Irrglauben, das Wollvlies vor der warmen Jahreszeit entfernen zu müssen, damit das Schaf im Sommer weniger „schwitzt“, sondern darum, Haltungsmanagement, Tiergesundheit und wirtschaftliche Aspekte sinnvoll miteinander zu verknüpfen.

2.1 Warum werden Schafe geschoren?

Als gewinnbringendes wirtschaftliches Produkt hat die Wollernte in Deutschland in den letzten 70 Jahren und in den neuen Bundesländern ab der Wiedervereinigung 1989 stark an Bedeutung verloren. Auf den meisten deutschen Schafbetrieben deckt der Wollverkauf heute gerade oder oft nicht einmal die entstandenen Kosten und den Aufwand der Schur. Viele Hobbyschafhalter entsorgen die Wolle sogar als Müll. Das ist nicht überall so. In vielen anderen Ländern der Welt bringt Wolle durchaus Erlöse. Ausschlaggebend sind die Vermarktungs- und Verkaufsstrategien eines jeweiligen Landes. Die Schur dient dem Wohlbefinden des Schafes und ist aus tierschutzrechtlichen Gründen mindestens einmal im Jahr durchzuführen.
Sie beeinflusst seine Produktivität und daraus resultierend die Wirtschaftlichkeit Schafhaltender Betriebe:

- Ektoparasiten-Befall durch Läuse, Milben und Zecken kann in langer Wolle schlecht erkannt, unzureichend kontrolliert und behandelt werden. Er erzeugt Juckreiz und Schafe scheuern sich vorzüglich an Sträuchern, Zäunen, Bäumen oder anderen festen Gegenständen. Die Wolle wird partiell herausgerissen, abgerubbelt oder verfilzt.
- Die Mehrheit der angebotenen Mittel für die Ektoparasiten-Behandlung haben an frisch geschorenen Schafen bzw. an Schafen mit einem kurzen Wollflaum aus wenigen Wochen Wollwachstum ihre höchste Wirksamkeit.
- Ein stark bewollter Tierkörper bietet in feuchten Regionen oder bei feuchtwarmer Witterung optimale Eiablageplätze für Schmeiß- und Goldfliegen. Die Maden bohren sich in die Haut und bleiben

dort. Wird der Brutherd nicht erkannt und nicht sofort geschoren und behandelt, führt das nicht selten zum Tod des Tieres.

- Starker Wollbewuchs am Kopf kann die Augen verdecken. Die Sicht der Schafe wird verringert. Man spricht von „Wollblindheit". Für solche Rassen empfiehlt es sich, den Bereich um die Augen regelmäßig oder bei Bedarf auszuscheren.
- Schafe, deren Wolle schnell verfilzt (Bergschafe, Waliser Schwarznasen), sollten sogar zweimal im Jahr geschoren werden. Starke Verfilzung des Vlieses wirkt wie eine undurchdringbare Barriere um den Schafskörper, und es kommt zwischen Haut und Vliesmatte zu einem Luft- und Wärmestau.
- Ein stark verfilztes oder überjähriges Vlies schränkt das Schaf in seiner Bewegungsfreiheit ein und es frisst folglich weniger.
- Die Schur stark verfilzter Schafe ist sehr aufwendig, weil die zusammenhängende Filzmatte stark an der Haut zieht. Dadurch erhöht sich die Gefahr von Schnittverletzungen.
- Eine Schur vor bzw. mit der Aufstallung ist sowohl aus ökonomischer Sicht als auch für das Schafhandling während der Wintermonate im Stall förderlich. Der Verlust der Wolle bringt bis zu einem Drittel mehr Platzmöglichkeit im Stall und begünstigt die Herden- und Ablammkontrolle.
- Das Scheren hochtragender Schafe birgt, bei gewissenhaftem Umgang, keine Nachteile für die Tiere und ist in vielen anderen Ländern üblich. Die geschorenen Schafe und der Halter profitieren von einer sauberen und hygienischen Ablammung. Frisch geborene Lämmer finden leichter Zugang zu den Zitzen und gehen seltener in der Herde verloren. Gleichzeitig wird eine bessere Durchschaubarkeit und schnellere Kontrolle der Herde ermöglicht, wodurch Geburts- und Folgeprobleme rascher gesichtet und behoben wer-

Tab. 2 Gründe für die Schafschur

Tierschutz-Aspekte	Schafmanagement	Wirtschaftliche Aspekte
Wärmeregulation	Mehr Platzangebot im Stall	Lammschur erhöht Zunahmen und Schlachtgewichte
Verfilzungen der Wolle	Bessere Durchschaubarkeit der Herde	Nachzucht entwickelt sich besser
Bewegungsfreiheit und Fresslust	Ektoparasiten-Behandlung wirkt effektiver	Gesunde Schafe sind produktiver
Ektoparasiten in langer Wolle bedingt erkennbar und nicht behandelbar	Hygienischer Ablauf der Geburt	Erlöse aus Wollverkauf
Idealer Eiablageplatz für Schmeißfliegen	Lämmern finden Zitzen einfacher	

den können. Die jährliche Ablammrate hat einen direkten Einfluss auf die Erlöse aus dem Lammverkauf und indirekt auf die Nachzucht als neue Produktionsgrundlage.
- Der Wollverlust minimiert feuchte Ausdünstungen, die aus langer Wolle enorm sind. Das Stallklima verbessert sich erheblich.
- Eine Schur mit dem Aufstallen garantiert eine von Regenwasser sauber gewaschene Wolle, die noch frei von Stallverunreinigungen ist. Eine späte Winterschur kann durch die tägliche Fütterung und Raufenrangeleien Wollverunreinigungen mit sich bringen. Nacken und Rückenpartien sind davon besonders betroffen, vor allem wenn über die Tiere hinweg eingestreut wird und Raufen unvorteilhaft gebaut wurden.
- Wolle, die vor der Ablammung geerntet wurde, hat im Normalfall eine besonders gute Qualität. Denn mit der einsetzenden Laktation nach der Ablammung richtet sich der Nährstofffluss des Mutterschafes vorzugsweise in die Milchproduktion. Das Wollwachstum geht, in Abhängigkeit vom Fitnesszustand des Schafes, Futter- und Klimaumständen, zurück. Unvorteilhafte Bedingungen zum Zeitpunkt der Ablammung führen zu brüchigen Wollfasern.
- Eine Lammschur kann sich aus mehreren Gründen positiv auf die Entwicklung der Lämmer und Betriebsrentabilität auswirken. Lämmer, die als Nachzucht behalten werden, wird ein überjähriges und langes Wollvlies erspart. Weiterhin bestätigen viele Schafhalter bessere Zunahmen und höhere Ausschlachtgewichte.

2.2 Wann wird geschoren?

Generell können Schafe zu jedem beliebigen Zeitpunkt im Jahr geschoren werden, solange ihr Wohlbefinden und ihre Gesundheit nach der Schur nicht negativ beeinträchtigt werden. Der Wollverlust ist für das Schaf ein kurzzeitiger Stress. Er wird intensiviert, wenn das Tier nach der Schur unwirtlichen Bedingungen wie Regen, Schnee, Hitze, Sonne, Wasser- und Futtermangel, starkem Wind oder Zugluft ausgesetzt wird.

Prinzipiell hängt der Schurzeitpunkt größerer Schäfereien vom Management eines jeden einzelnen Betriebes und den Vorstellungen des Schäfers oder Schafhalters ab. Entscheidende Faktoren sind hierbei, ob Schafe unter den Bedingungen der ganzjährigen Weidehaltung oder während der Wintermonate im Stall gehalten werden und wann die Ablammung erfolgt. Des Weiteren geben bestimmte Schafrassen, deren Wolle im Frühjahr erst abwachsen muss, ihren eigenen Schurzeitpunkt vor.

Grundsätzlich unterscheidet man zwischen Sommer-, Winter- und halbjähriger Schur.

2.2.1 Die Sommerschur

Die Sommerschur erfolgt im Frühjahr oder Frühsommer von April bis Juli. Historische Daten, wie die Eisheiligen Mitte Mai oder die Schafskälte Anfang Juni, gelten heute noch als Orientierungsstütze vieler Schafhalter zur Planung ihrer Schur.

„Vor Nachtfrost, du nie sicher bist, bis die Sophie vorüber ist" (Die Kalte Sophie).

Die Sommerschur ist immer vom Wetter abhängig. Schafhalter müssen sich auf die vorherrschenden Witterungsverhältnisse des jeweiligen Jahres flexibel einstellen, um am Schurtag trockenes Wetter zu haben und um plötzliche Kälteeinbrüche oder Regenperioden nach der Schur ausschließen zu können.

Nicht zuletzt spielt auch hier die Termingestaltung des Schafscherers eine wichtige Rolle. In regenreichen Jahren können Schafscherer Schlechtwettertage schwer aufholen. Dann kommt es in vielen Betrieben schnell zu Verzögerungen des eigentlich geplanten Schurtermins.

Lämmer werden vorwiegend im Sommer bis Spätsommer geschoren. Je früher geschoren wird, umso länger kommt den Lämmern die Weide- und Vegetationsdauer zugute und umso ökonomischer sind ihre Zunahmen.

Sommerschurtermine gelten grundsätzlich für Rassen, deren Wolle während der Wintermonate sehr eng an der Haut anliegt. Mit zunehmend warmen Außentemperaturen im Frühjahr hebt sie sich davon ab und schafft einen Zwischenraum zwischen Wolle und Haut, in den das Handstück leichter geschoben werden kann. Das ist bei den meisten Landrassen wie z.B. der Heidschnucke, der Moorschnucke, dem Romanov oder den Skudden der Fall.

Im Frühjahr geschorene Schafe gehen frei von Wolle in den Sommer. Manch Schafhalter, Tierliebhaber und Schafbeobachter befürchtet, dass Schafe mit dickem Vlies im Hochsommer schwitzen. Die Sorge ist unbegründet, solange die Tiere und die Wolle gesund sind. Die Wolle fungiert auch als natürliche Isolierschicht gegen Hitze.

Zu späte Schurtermine werden intuitiv von den meisten Schafhaltern vermieden. Der 15. September gilt hier als praktisches Richtmaß, um ausreichenden Wollbewuchs zum Schutz gegen die Kälte im Herbst zu sichern.

2.2.2 Die Winterschur

Die Winterschur ist für diejenigen Schäfer und Schafhalter von Bedeutung, die ihre Schafe in den Wintermonaten im Stall halten. Sie hat einige Vorzüge gegenüber der Sommerschur unter freiem Himmel. Ihr größtes Plus ist die Wetterunabhängigkeit. Sie ist sowohl für den Schäfer als auch für den Schafscherer verbindlicher planbar. Der Schurplatz im Stall ist leicht herzurichten und einfacher zu organisieren. Die Versorgung mit ausreichend Strom ist meistens gewährleistet. Außerdem bietet der Stall eine geschützte Barriere, durch die sich die Schafherde besser kontrollieren lässt. Nach der Schur sind die Schafe umgehend vor äußeren Witterungseinflüssen wie Sonne, Wind, Kälte und Regen geschützt.

2.2.3 Die halbjährliche Schur

Schafrassen mit schnell wachsender und zur Verfilzung neigender Wolle werden zweimal im Jahr geschoren. In Bergregionen, wo Schafe auf die Alm getrieben werden, wird vor dem Almauftrieb und nach dem Almabtrieb geschoren. Schafhalter mit ganzjähriger Schafstallhaltung scheren aus hygienischer und stallklimatischer Sicht gern zweimal im Jahr. In Deutschland ist die zweimalige Schur in den meisten Schäfereibetrieben unüblich.

In Australien und Neuseeland, wo Platz, Aufstallung oder Verfilzungen keine Rolle spielen, werden Schafe aus ökonomischen Gründen häufig zweimal geschoren. Zum einen für den Erlös aus der geschorenen Wolle und zum anderen, um die Qualität der Wolle zu steigern. Scherer müssen zwar zweimal im Jahr bezahlt werden, dafür bedarf es weniger Personal für das Bearbeiten und Sortieren der sechsmonatigen Wolle. Hier werden wiederum Kosten gespart.

2.3 Womit werden Schafe geschoren?

Grundsätzlich wird zwischen der Schur mit der Handschere und maschineller Schur unterschieden.

2.3.1 Die Handschere

Die einfachste Form, Wolle zu ernten, ist mittels der Handschere. Im Englischen wird sie *Blades* genannt. Sie funktioniert nach dem gleichen Prinzip wie herkömmliche Gartenscheren, mit dem Unterschied, dass ihre Schneidblätter größer und gleichförmig sind und der Drehpunkt nicht in der Mitte sitzt, sondern als „Feder“ doppelrund am Ende.

Die ganze Hand umfasst die Verlängerung der Schneidblätter und übt von dort die Schneidbewegung aus. Die einfache Ausstattung und Energieautarkie ist ihr Trumpf. Im Winter oder unter kühlen Witterungsbedingungen werden Schafe vielerorts zudem mit *Blades* geschoren, weil diese Schurart mehr Wolle am Schafkörper lässt. Andernorts können sich Scherer die Anschaffung des teuren Schermaterials schlichtweg nicht leisten oder es ist logistisch unmöglich, mit schwerem Werkzeug und Maschinen zu reisen, z.B. in abgelegene Gebiete oder Bergregionen ohne Stromquellen.

Bladescheren ist z.B. in Chile, Argentinien und Südafrika noch weit verbreitet. In Ländern, in denen eigentlich alle diese Gründe in den Hintergrund treten, wird sie zur Erhaltung dieser Schurtechnik dennoch weiter eingesetzt. Die besten Bladescherer, die sich in internationalen Wettbewerben messen, kommen derzeit aus Südafrika und Lesotho. Darüber hinaus gibt es exzellente Bladescherer um den gesamten Globus.

Mit der Handschere ist ein Schaf an Ort und Stelle schnell geschoren.

Bei einer Schermaschine mit Akku ist das Scheren eines Schafes überall auch ohne Stromquelle möglich.

2.3.2 Elektrische Handschermaschinen

Elektrische Handschermaschinen arbeiten nach dem gleichen Prinzip wie Haarschneider oder das Schneidwerk eines Mähdreschers. Die schnelle Hin- und Herbewegung des Messers auf einem kammähnlichen Untergrund erzeugt den Schneideffekt. Angetrieben werden die elektrischen Handschermaschinen durch Wechselstrom aus der Steckdose. Handschermaschinen gibt es mittlerweile auch mit Akkusystemen. Alternativ kann man sie mit Kabeln z. B. an eine Autobatterie anschließen.

2.3.3 Schermotor, Welle und Handstück

Schuranlagen bestehen aus einem Schermotor, dem Stangengelenk bzw. der flexiblen Welle und einem separaten Handstück. Sie werden von Scherern genutzt, die mehrere Hundert Schafe im Jahr scheren und gehören zur Grundausstattung eines Berufsscherers. Sie erleichtern nicht nur die Arbeitsbedingungen, sondern beschleunigen sie auch. Auf einem ebenen, rutschfesten Untergrund kann damit kräfteschonender und sicherer gearbeitet werden.

2.4 Wie werden Schafe geschoren?

Schafe können auf ganz unterschiedliche Art geschoren werden. Das Ziel ist überall gleich: runter mit der Wolle! Die angewandten Techniken bezüglich der Positionen des Scherers und der Halteposition des Schafes sind die ausschlaggebenden Faktoren für den kleinen Unterschied, den Stil.

In Deutschland sind zwei Scherarten verbreitet: die Bankschur und die Bodenschur. Bei der Bankschur sitzt das Schaf auf einer kleinen Bank und bei der Bodenschertechnik sitzt und liegt das Schaf auf dem Boden. Eher selten steht ein Schaf bei der Schur oder liegt mit zusammengebundenen Beinen auf der Seite.

Die Schafzucht; Erster Teil: Die Wollkunde: 1873, B Die Schur, 3. Das Scheren, S. 456/457

„Das Scheeren geschieht nun, wie es gerade Sitte und Gewohnheit, in den verschiedenen Gegenden ist, der Art, dass entweder die Arbeiter auf der flachen Erde sitzen, das scheerende Schaf vor sich hinlegen, oder dazu niedrige, sogenannte Schurbänke benutzen, welche dadurch hergestellt werden, dass man kurze, ungefähr 0,25 Meter starke, 0,30–0,40 Meter lange Schwellen auf die Erde legt, und darüber ein ganz reines, womöglich abgehobeltes Brett, damit kein Wollhaar sich in etwa hervorragende Splitter einklemmen kann, streckt; oder aber das Scheeren wird an Schurtischen vorgenommen, auf welche das zu scheerende Thier gelegt wird, und an welchen die Arbeiter ihre Arbeit stehend verrichten.“

2.4.1 Schur auf der Bank

Die als altdeutsch beschriebene Schurtechnik auf einer ungefähr 1 × 0,5 m und bis zu 30 cm hohen Bank hat in Deutschland eine lange Tradition. Das Schaf sitzt mit seinem Hinterteil auf der Bank und lehnt mit dem Rücken gegen den Scherer, der in aufrechter Position hinter dem Schaf und der Bank steht. Diese Schurtechnik teilt das Vlies in zwei Teile, wenn der Eröffnungszug auf dem Rücken des Schafes zuerst durchgeführt wird, was bei den meisten Bankscherern üblich ist. Danach wird zunächst eine Hälfte des Schafes und nach dem Umschwingen des Tieres seine andere Seite geschoren. Schertechnisch gibt es bei der Bankschur deutliche Unterschiede von Scherer zu Scherer. Gänzlich ausgestorben ist das Fixieren der Beine in einem Spannbrett oder das Binden der Beine mit einem Lederriemen.

2.4.2 Schur auf dem Boden

Die Schur auf dem Boden wird im deutschen Sprachgebrauch als neuseeländische oder neuseeländisch/australische Schertechnik bezeichnet. Sie basiert auf den bereits erwähnten Bowen-Stil, den der Neuseeländer Godfrey Bowen in den 1950er-Jahren für eine effektivere Maschinenschur vereinheitlicht hat. Bei dieser Methode wird keine Bank verwendet. Hierbei sitzt und liegt das Schaf auf dem Boden und der Scherer steht in gebückter Haltung über dem Schaf. Er schert um das Schaf herum, wobei er es einmal um dessen Achse dreht. Das Wollvlies fällt als ein zusammenhängendes Stück ab.

Bankscherer in Engerda/Thüringen.

2.5 Vorbereitung der Schur

Eine gute geplante und vorbereitete Schur seitens der Schafhalter hat erheblichen Einfluss auf den zügigen Ablauf des Schertages. Hektik am Schertag überträgt sich sofort auf die Schafe, macht sie nervös und erschwert den allgemeinen Arbeitsfluss. Bei der Organisation und Vorbereitung der Schur hilft es, aus drei verschiedenen Perspektiven zu planen: der des Schafhalters, der Scherer und der Schafe.

2.5.1 Was gilt es zu bedenken: Scherplatz, Hilfskräfte, Schafe

Wettervorhersagen beobachten

- Trockenes Wetter am Schurtag ist Voraussetzung, wenn unter freiem Himmel geschoren wird.
- Vorhersehbare Schlechtwetterperioden und somit witterungsbedingten Stress sind für die Schafe nach der Schur zu vermeiden.

Wahl des Scherplatzes vorher gut durchdenken

- Der Scherplatz muss für den Schafhalter selbst, die Schafscherer und die Schafe leicht erreichbar sowie einfach zu organisieren sein.
- Der Platzbedarf ist nach der Anzahl der Scherer auszurichten und danach, ob Schuranhänger oder Selbstfangbuchten verwendet werden.

- Welche sanitären Anlagen stehen zur Verfügung? Gibt es Wasser zum Waschen der Hände nach der Arbeit?
- Das Aufbauen und Vorbereiten des Scherplatzes am Tag zuvor begünstigt einen zeitigen und stressfreien Arbeitsbeginn am Schurtag.

Scherplatz im Stall
- Der Scherplatz soll hell, zugfrei und möglichst auf strohfreien Flächen im Stallgang oder auf der Stallvorplatte eingerichtet sein.
- Muss auf Stroh geschoren werden, vereinfacht das Abdecken der Scherflächen mit Tüchern, großen Brettern oder Teppichen das Aufnehmen der Wolle und hält den Scherplatz sauberer.
- Wichtig: Zugang zu Stromquellen.

Scherplatz draußen
- Günstig ist ein Schurplatz, zu dem die Schafe gern und einfach ziehen.
- Der Weg zum Schurplatz soll möglichst stressfrei sein.
- Im Sommer ist ein schattiger und in jedem Fall ebener Schurplatz von Vorteil.
- Der Schurplatz soll groß genug sein, dass Halte- und Fangbuchten gut zu nutzen sind und unkompliziert befüllt werden können.
- Bei einer Stromversorgung über Generatoren ist für einen ausreichenden Benzinvorrat zu sorgen.

Wolllagerung
- Genügend Platz für das Wollestopfen und die Wolllagerung muss bei der Schur von großen Herden mit eingeplant werden.

Hilfskräfte organisieren
- Wer setzt die Schafe auf, räumt sowie sortiert Wolle und stopft die Wollsäcke?

Schafe auf Schonkost umstellen
- Größere Herden sollten für die Nacht vor der Schur auf einer mageren Wiese und nahe des Schurplatzes gehalten werden. Es sollte zumindest auf die Fütterung einer vollen Ration verzichtet werden.
- So ungern die meisten Schafhalter ihren Schafen das Futter verwehren, mindert eine Schmalkost vor der Schur den unangenehmen Druck eines vollen Pansens während der Schur. Er kann die Atmung und den Kreislauf der Schafe mitunter so beeinträchtigen, dass es während der Schur stirbt. In jedem Fall aber fühlt sich das Schaf mit vollem Bauch bei der Schur nicht wohl.

In einer altbekannten Lebensweisheit heißt es: „Mit vollem Bauch studiert es sich schlecht“. Das trifft nicht nur auf das Studieren zu, sondern auch auf jede Art von sportlicher Betätigung. Die Schafschur kann für das Schaf als solche gesehen werden.

Herkömmlicher Schurplatz, in dem die Scherer zusammen mit den Schafen in einer Bucht stehen. Das Weglassen der geschorenen und Auffüllen mit ungeschorenen Schafen kostet jedes Mal Zeit und bedeuten „Zwangspausen“ für den Scherer.

2.5.2 Während der Schur

Schafe

- Zum Zeitpunkt der Schur sollen Schafe gesund, trocken, sauber, nicht vollgefüttert und vollgetränkt sein.
- Der Schafscherer kann arbeitstechnisch zwar ein feuchtes oder nasses Schaf scheren, sollte das aber zur Schonung seiner Gesundheit vermeiden.
- Bei der Bodenschur beeinträchtigen feuchte Schafe die Standsicherheit auf der Scherplatte. Es wird rutschig und sollte aus Sicherheitsgründen vermieden werden.

Flüssiger Schurablauf

- Organisation von kontinuierlichem Nachbringen der Schafe und unkompliziertem Befüllen der Halte- und Fangbuchten.
- Separate Fangbuchten reduzieren „Zwangspausen“.
- Arbeiten die Scherer direkt in der Fangbucht, ist ein zügiges Ablassen der geschorenen und ein Befüllen der ungeschorenen Schafe wichtig.

Schurplatz sauber halten

- Schafe entleeren sich vermehrt etwa 1–3 Stunden nach der letzten Futteraufnahme. Das kann bei großen Herden zu Verunreinigungen der Haltepferche und der Wolle führen.

Ein gut vorbereiteter Scherplatz mit separaten Fangbuchten für die Schafe, die durch eine Schwingtüre einzeln zum Scherer geführt werden. Die geschorenen Schafe laufen direkt zurück auf die Weide.

- Fangbuchten, aus denen die Schafe für die Schur gefangen werden, am besten nur so weit auffüllen, wie Schafe entnommen werden.
- Wartende Schafe in der Fangbucht während der Scherpausen vermeiden.
- Stehen Schafe zu lange und eng zusammen, verschmutzt die Wolle mit Kot und Urin. Das ist bei der Schur auch für den Scherer unangenehm.
- Sägespäneeinstreu halten Fangbuchen sauber sowie trocken und behindern die Schur weniger als Stroh. Nach der Schur ist sie einfach zu beseitigen oder können auf der Wiese gelassen werden.

Schnittwundenversorgung verletzter Schafe
- Mit Blauspray, zinkhaltigen Mitteln oder Jod.

Wolle wegnehmen, sortieren und stopfen
- Wolle muss zum Zeitpunkt der Einsackung trocken sein.
- Feuchte Wolle kann nicht dauerhaft verpackt werden, denn bei Komprimierung wird sie heiß, muffig und schimmelig, ähnlich wie feucht eingelagertes Heu oder Getreide.

Ruhe- und Esspausen
- Ausreichend Pausen zwischen den Schereinheiten sind wichtig für den Scherer, damit sich sein Körper regenerieren kann.

- Banal aber wichtig: Verbrauchte Energiereserven müssen durch Nahrungsaufnahme ersetzt werden.
- Reichlich Flüssigkeitsaufnahme, am besten Wasser.
- Alkoholkonsum während der Schur ist out.

2.5.3 Nach der Schur

Scherer

- Abbau, Säubern und Desinfizieren der Gerätschaften. In jedem Fall nach der Schur in einem Räudebestand mit wirksamen Desinfektionsmitteln.

Bezahlen der Scherer

- Schafscherer werden entsprechend ihrer Leistung pro geschorenem Tier bezahlt.
- Eine gewisse Beteiligung des Schafhalters an den anfallenden Fahrkosten des Schafscherers ist üblich.

In einigen Ländern (Australien, USA) ist die Bezahlung der Schafscherer mit einem Mindestlohn pro geschorenem Tier gesetzlich geregelt, in anderen wird er von Interessenverbänden festgelegt. In Deutschland verhandelt der Schafscherer seinen Lohn direkt mit dem Schafhalter.

Aufräumen des Scherplatzes

- Abtransport der Wolle. Geschorene Wolle kann ohne Weiteres zunächst draußen lagern, solange sie vor Niederschlägen geschützt wird.

Versorgung der Schafe

- Schutz vor Witterungseinflüssen wie intensiver Sonneneinstrahlung oder Regen durch Zugang zu geschützten Plätzen.
- Bei Winterschur ist der Stall möglichst warm zu halten und Zugluft zu vermeiden.
- Der Wollverlust fordert kurzzeitig einen erhöhten Energiebedarf. Die Bereitstellung von ausreichendem Futterangebot ist besonders an kalten Folgetagen wichtig.

Behandlung gegen Ektoparasiten direkt nach der Schur. Hier mit der verbreiteten Rückenbeträuflung.

Ektoparasiten-Behandlung und andere Maßnahmen sinnvoll kombinieren

- Eine Behandlung gegen Ektoparasiten ist wegen des Wohlbefindens des Tieres und der Wollqualität für die nächste Wollwachstumsphase sinnvoll.
- Entwurmung, Klauenbad oder Hufpflegearbeiten sind separat möglich, solange der eigentliche Scherablauf nicht vernachlässigt oder behindert wird.

Frauenpower pur.

Anke Mückenheim (1967)
Schleswig Holstein

Anke Mückenheim ist Mutter von zwei Kindern, Schäferin mit über 250 Schafen, Überwacherin des Herdbuches der Skudden- und Rauhaarigen Pommernschafe, Schaf-Dienstleisterin für Kleinschafhalter. Sie mag es, am Abend auf der Bank zu sitzen und auf die Tagesarbeit geschorener Schafe zu schauen, denn Schafschererin ist sie auch noch.
Wie das möglich ist? „Ohne Großmama würde da nichts gehen."

Anke wuchs mit Schafhaltung und jährlichen Schafschuren in Schleswig Holstein auf. Ihr Vater hatte 50 Schafe im Nebenerwerb, die im Sommer „irgendwie" geschoren wurden. *„Die Männer haben sich echt doll gequält."* In John Seymours Buch „Das Leben auf dem Land für Aussteiger" recherchierte sie über das Scheren, „wo fange ich an und wo höre ich auf", ob es nicht „irgendwie" doch einfacher ging mit der Schererei. Anke wurde fündig und ihr Interesse am Schafescheren wuchs. Mit 14 Jahren spannte sie ihr Pony vor den Wagen, lud das Scherzeug ein und „wägelte" zu den wolligen Bauernschafen ihrer Umgebung zur Taschengeldaufbesserung.

Während Ankes Schäferausbildung auf dem Marienhof, nicht weit von ihrem Zuhause, wurde Ankes Hingabe zum Scheren von ihrem dortigen Lehrmeister John gefördert. Um die 700 Moorschnucken auf dem Lehrbetrieb selbst mitscheren zu können, tauschte sie ihr Reitpferd in einen Aesculap-Schermotor mit Biegewelle.

Als frisch ausgebildete Schäferin tingelte Anke mit Hütearbeiten durch Deutschland und landete im Rheinland auf der Prym'schen Gutsverwaltung mit 180 Schafen im Naturschutz.

Auf diesem Hof hatte Anke ersten Kontakt mit Pommerschen Schafen, die ihr sehr gefielen. Zusammen mit einem weiteren Scherer schor sie die Schafe dort selbst. Außerdem fuhr sie weiterhin regelmäßig zurück in die norddeutsche Heimat, um auch dort noch zu scheren.

Seit Mitte 20 war Anke Schäfermeisterin und von 1992 selbstständige Schäferin, Schafschererin und zurück in Schleswig-Holstein. Bis 2002 hielt Anke 800 Muttertiere. Dazu bildete sie Lehrlinge aus. Da das Scheren zunehmend mehr Zeit in Anspruch nahm, stellte sie auf Koppelhaltung um und reduzierte ihren Bestand.

Heute hat Anke 250 Rauhaarige Pommernschafe und Heidschnucken. Die großen Koppeln halten eine Herde für etwa 2–3 Wochen. Um die Arbeit auf dem Hof bewältigen zu können, schert sie selten mehr als 50 Schafe am Tag und vorwiegend in ihrem Umkreis. Manchmal ist sie aber auch ein bis zwei Tage unterwegs. Ohne Koppelhaltung und die Hilfe von Ankes Mutter würde das nicht funktionieren.

Was genießt du als Schafscherer am meisten?

... man kommt viel rum und hat viel Spaß.
... es ist schön, am Abend auf der Bank zu sitzen und stolz zu sein, 150 Lämmer geschoren zu haben, denn das hat man ja selbst geschafft.

Was gefällt dir als Schafscherer überhaupt nicht?

... kann auf Betriebe verzichten, die rundum anstrengend sind.
... von Schafhaltern versetzt zu werden.

Was macht aus deiner Sicht einen guten Schafscherer aus?

... Ruhe.
... Ausgeglichenheit.
... Sauberkeit.
... wenig Verletzungen.
... nicht laut und rau im Umgang mit den Schafen, denn das mögen die kleinen Schafhalter nicht.

Was sind besonders schöne Moment als Schafscherer?

... zum ersten Mal 100 Schafe am Tag scheren.
... auf die Tagesarbeit geschorener Schafe zu schauen.

3 Das Schafescheren – was brauche ich?

Wie man ein Schaf schert, ist schnell erlernt. Die Fertigkeit und Routine bei der Schur kommt aber erst im Laufe der Zeit mit viel Übung, genauso wie beim Stricken, Beherrschen eines Instrumentes oder Surfen. Das, was bei Profischerern spielend leicht aussieht, ist das Ergebnis vieler Jahre Erfahrung.

Scheren ist ein Handwerk, bei dem man sich stets verbessern kann. Mit technischem Fortschritt und Technikanalysen optimieren Schafscherer ihre Leistungen kontinuierlich. Jedes Jahr werden neue Weltrekorde im Schafescheren aufgestellt.

„Das ist doch anstrengend oder?!“ Diese Frage begegnet Schafscherern häufig. Na klar ist das anstrengend! Schließlich stemmt ein Berufsscherer an einem achtstündigen Schurtag über 10 Tonnen an Gewicht. Die Australier sagen, als Scherer braucht man die Konzentration eines Cricketspielers während eines Testmatches (das dauert fünf ganze Tage), die Kraft eines Gewichthebers und die Ausdauer eines Marathonläufers.

Darum ist bei der Entscheidung, Schafe scheren zu wollen, die Bereitschaft zur körperlichen und geistigen Belastung ein wichtiges Kriterium. Mit einer gut erlernten Technik kann die Anstrengung allerdings reduziert werden. Wer konzentriert und effektiv schert, schafft am Ende des Tages mehr Schafe, als jemand, der zwar härter arbeitet, aber nur drauflosschert. Der Körper braucht Zeit und regelmäßiges Training, um diejenigen Muskeln aufbauen zu können, die beim Scheren am meisten beansprucht werden. Die körperliche Fitness kann durch Ausdauersport verbessert und anfängliche Rücken- oder Muskelschmerzen durch gezielte Dehnübungen vor und nach dem Scheren eingeschränkt werden.

Die eigentliche Scherfitness ist aber nur durch das Scheren selbst zu erreichen. Gesunde Ernährung und ein mäßiger Alkohol- und Tabakkonsum spielen eine erhebliche Rolle beim Erreichen dieser Fitness.

Während Sie mit Ihrer Einstellung selbst entscheiden können, wie viel Energie und Willen Sie in das Scheren investieren, sind Sie bei der Anschaffung von Schermaterialien an feste Preise gebunden. Schermaterialien sind wegen ihrer speziellen und einzigartigen Verwendung teuer. Überlegen Sie genau, wie viel Sie als Scheranfänger oder Hobbyscherer für Schurmaterialien ausgeben möchten. Für Neben- und Hauptberufsscherer sind diese Ausgaben unumgänglich.

3.1 Der Hobbyscherer

Möchten Sie nur gelegentlich ein Schaf scheren, ist eine **Handschere** die günstigste und einfachste Variante. Sie benötigen keine zusätzlichen Hilfsmittel. Die Handschere passt in jede kleine Tasche und das Schaf kann nahezu überall geschoren werden. Die Stromversorgungsfrage erübrigt sich ebenfalls.

Schafscher-Maschinen mit Stromanschluss oder **Akkuschermaschinen** sind die elektrischen Alternativen zur Handschere. Dazu sind ein paar Kämme, Messer, ein Schraubendreher für die Handmaschine und ein Ölbehälter nötig. Die Produktpalette an Schermaschinen diverser Hersteller ist riesig. Steht Ihnen keine Schleifmöglichkeit zur Verfügung, können Sie bei Bedarf die gereinigten Messer und Kämme an einen Schleifservice schicken. Die geschliffenen Schneidutensilien kommen wiederum per Post zu Ihnen zurück. Adressen befinden sich im Serviceteil am Ende des Buches.

3.1.1 Schermaschine mit Stromanschluss

Die elektrische Handschermaschine eignet sich zum Scheren von wenigen Schafen und zum Ausschwänzen. Schermaschinen mit Anschluss für eine Steckdose sind zuverlässig und leistungsstark. Der kontinuierliche Stromfluss sichert eine konstante Schnittleistung. Geben Sie besonders acht, dass sich die Beine des Schafes nicht im Stromkabel verfangen oder das Kabel angeschnitten wird.

Vorteile:

- Scherstandaufbau und/oder Schermotoraufhängung überflüssig,
- schnell einsatzbereit,
- gute und konstante Scherleistung.

Nachteile:

- Stromanschluss nötig,
- Kabel kann beim Scheren im Weg sein.

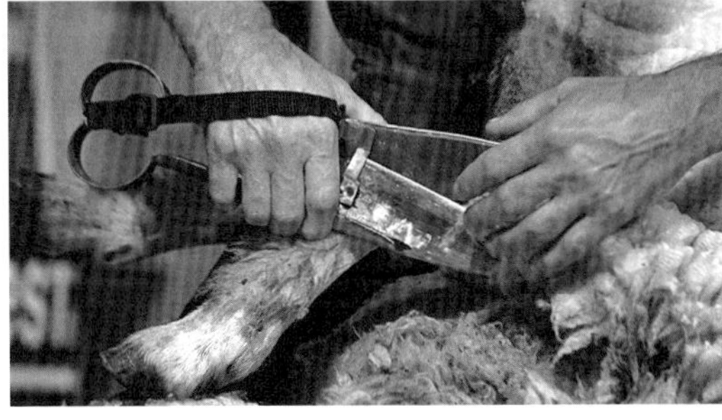

Handschere, englisch *Blades* genannt.

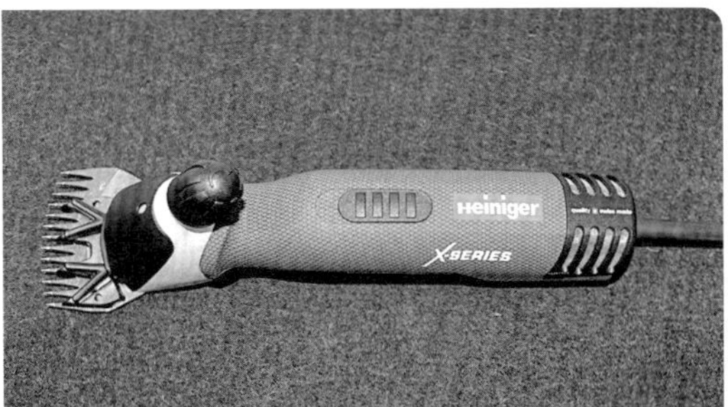

Schermaschine mit Kabel für einen Stromanschluss (Modell XPERT Firma Heiniger).

3.1.2 Schermaschinen mit Akku

Handschermaschinen mit Akku sind unabhängig von Stromquellen. Damit können Sie ein Schaf ausnahmslos an jedem beliebigen Ort scheren, ohne dass ein Stromkabel im Weg ist. Die Akkuleistung ist entsprechend begrenzt. Sie hängt ab von den Umgebungstemperaturen, der Wahl des Kammes und der Wollbeschaffenheit der Schafe. Ein schmaler (konvexer) Kamm begünstigt eine verlängerte Akkuleistung, denn durch die geringere Arbeitsbreite wird weniger Energie verbraucht. Wenn Sie mit einer Akkumaschine mehr als 20 Schafe am Stück scheren müssen, empfiehlt sich die Anschaffung eines Ersatzakkus. Die meisten Akkumaschinen verfügen über eine alternative Energieversorgung, z. B. Verbindungskabel für eine Autobatterie.

Vorteile:
- Schurstandaufbau und/oder Schermotoraufhängung überflüssig,
- unabhängig von einer Stromquelle,
- Schurplatz ist beliebig wählbar,
- schnell einsatzbereit,
- während der Schur ist kein Stromkabel im Weg.

Nachteile:
- Begrenzte Akkuleistung,
- begrenzte Scherleistung und Akkuausbeute bei Schafen mit dichter, gelber und harscher Wolle.

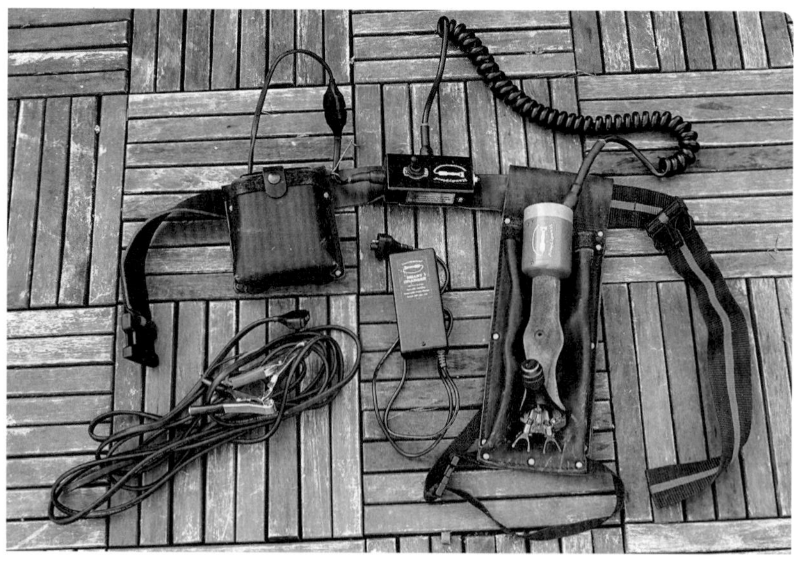

Die Handschermaschine mit Haltetasche. Der Akku und der Einschaltkasten werden am Gürtel um die Hüfte getragen. Links unten: Kabel für den Anschluss an eine Autobatterie. Mitte: Ladegerät für den Akku (Model und Firma „Handypiece“).

Eine Möglichkeit der Hobbyscherausrüstung: Kleiner Schermotor mit flexibler Welle, Handstück und Teppich als Scherfläche.

3.2 Der Gelegenheitsscherer

Die Anschaffung eines kleinen Schermotors mit Welle, separatem Handstück, ausreichend Kämmen und Messern ist sinnvoll, sobald Sie häufig kleinere Mengen an Schafen scheren. Dabei müssen Sie als Neueinsteiger nicht zwingend neu und teuer einkaufen. Die meisten Händler für Schäferei- und Schererbedarf bieten auch gebrauchte Schermaschinen, Schuranlagen und Handstücke an. Weiterhin besteht die Möglichkeit, das Schermaterial von Scherern oder Schäfern zu übernehmen, die z. B. in den Ruhestand gehen.

3.3 Der Nebenerwerbs- und Berufsscherer

Ein Scherstand, eine komplette Schuranlage, eine eigene Schleifmöglichkeit und ein Transportmittel mit genügend Stauraum sind unverzichtbar, wenn Sie mehrere Hundert Schafe im Jahr scheren möchten.

Darüer hinaus kann ein Selbstfangstand die Arbeitskraft des Aufträgers sparen. Er wird direkt vor dem Schurstand aufgebaut.
Die Schafe werden durch einen Trichter einzeln zum Stand geleitet. Über eine vertikal operierende Schiebeklappe entnimmt der Scherer das im Stand bereitstehende Schaf und kippt es direkt zu sich auf die Scherplatte.

Am Schuranhänger befinden sich die Selbstfangboxen seitlich neben dem Schurstand. Sie funktionieren nach dem demselben Prinzip.

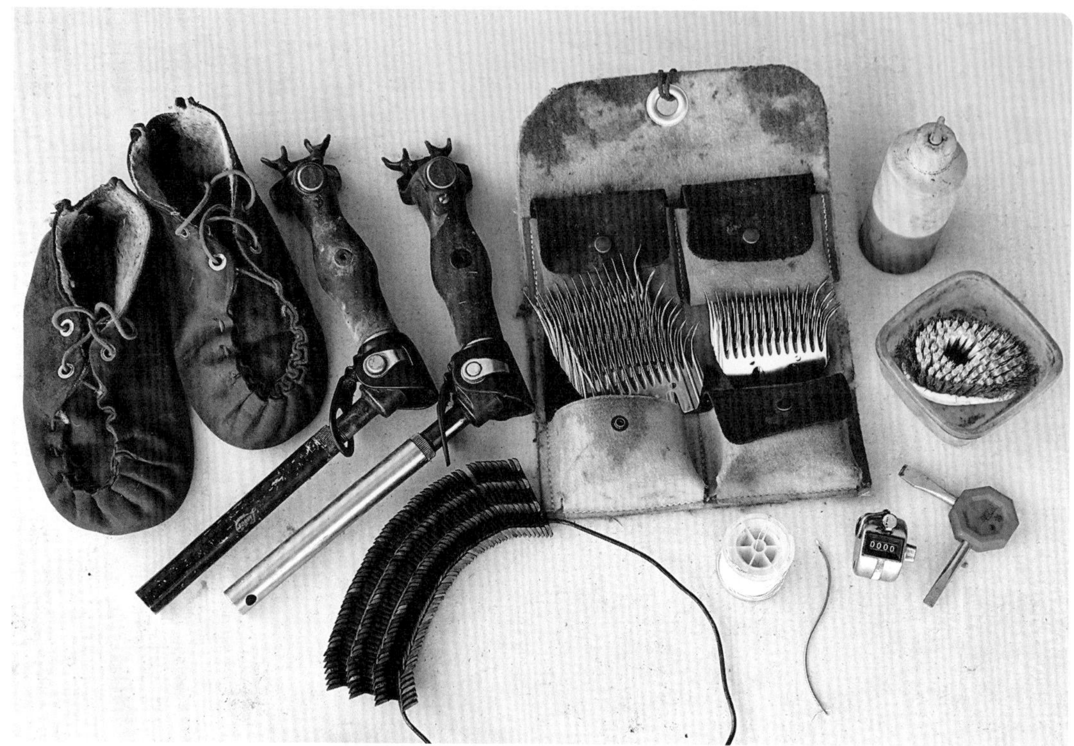

Kleinwerkzeuge eines Scherers:
Handstück, Kämme, Messer, Schraubendreher, Zähler, Ölflasche, Nadel, Garn, Mokassins (Scherschuhe entweder aus Leder oder Filz).

Die Anschaffung von Selbstfangboxen oder eines Schuranhängers lohnt sich, wenn Sie vorwiegend große Herden und gemeinsam mit anderen Scherern scheren.

3.4 Scherstand für die Bodenschur

Die Form und Größe des Schurstandes richtet sich nach dem Geschmack des Scherers und den Schurbedingungen, die er vorwiegend antrifft.

Ein Schurstand muss an jedem Scherplatz mindestens einmal auf- und abgebaut, zwischen Auto und Scherstelle getragen und im Auto transportiert werden. Dennoch soll er die Anforderungen einer produktiven und sicheren Schur erfüllen. In Regionen, wo die Zufahrt mit dem Auto nicht immer möglich ist und die Schermaterialien getragen werden müssen, gilt: je kleiner und leichter der Schurstand, desto besser.

3.4.1 Die Schurplatte

Die Grundplatte der Bodenschurplatte sollte aus rutschfestem Material sein. Holz wird hierbei vorzugsweise verwendet. Es bietet einen sicheren Untergrund und stabile Standfestigkeit während der Schur.

Die Oberflächengrößen von Schurplatten variieren von ungefähr 1,2 × 1,2 bis 2 × 2 Meter. Auf großen Platten lässt es sich hervorragend scheren, für den täglichen Transport und Auf- und Abbau sind diese aber aufwendig.

Klein gehaltene Schurplatten sollten mindestens so groß sein, dass der Stand in Balance steht. Dort wo die Haltestange den Motor trägt, kann es zu einem Übergewicht kommen. Der ganze Stand neigt dann schnell zum Kippen. Auf kleinen Schurplatten muss beim Scheren großer Schafe häufiger über die Platte hinaus ausgewichen werden. Allgemein gilt für die Größe und das Gewicht von Schurplatten:

- So klein als möglich und so groß wie nötig,
- praktisch für das tägliche Handling,
- bequem und sicher für das Schafescheren.

Der für den Scherstand zur Verfügung stehende Platz im Stall, Schuppen oder unebenen Gelände kann sehr limitiert sein.

Tipp!
Ein Stück Teppichboden über die Platte gelegt, bietet zusätzliche Standfestigkeit bei schweren und feuchten Schafen und hält im Winter die Füße warm.

3.4.2 Die Haltestange für den Motor

Die Haltestange trägt den Schurmotor und muss stabil genug sein, um den Vibrationen des Motors während der Schur standzuhalten. Die Stange soll ineinander verschiebbar oder teilbar sein, damit sie leichter transportiert und die Höhe des Motors passend eingestellt werden kann.

Die Motorhaltestange kann entweder in der rechtsseitigen Ecke hinten oder vorn, aber auch mittig auf der Schurplatte platziert sein.

3.4.3 Die Aufhängevorrichtung für die Rückenschlinge

Eine Rückenschlinge entlastet nicht nur die Beine, sondern auch den Rücken des Scherers und sollte zur Prävention von Rückenproblemen von jedem Scherer benutzt werden. Der Scherer hängt dabei mit seinem Oberkörper in einer geschlossenen oder halbrunden Schlingenvorrichtung, ähnlich einer Schaukel, die durch drei separate Federstangen gehalten wird. Die Bewegungsfreiheit bleibt nach allen Richtungen erhalten.

Die Höheneinstellung der Rückenschlinge richtet sich nach der Körpergröße und dem Gewicht des Scherers. Bei unsachgemäßer Einstellung kann sie Rücken- und Schulterschmerzen verursachen. Die meisten Scherer tendieren dazu, die Schlinge viel zu hoch zu hängen, damit sie effektiv wirkt. Richten Sie die Oberkante des Bügels auf Ihre Stirnhöhe aus und justieren Sie ggf. nach. Wenn Sie beim Scheren spürbar von der Schlinge zurückgezogen werden und gegen sie arbeiten, hängt sie definitiv zu hoch. Hängen Sie die Schlinge tiefer, bis der Widerstand nachlässt.

Die Halterung für die Rückenschlinge kann ein Winkel sein, der auf der Motorhaltestange sitzt. An den herunterhängenden Kettengliedern des Winkels wird der Bügel aufgehängt und dadurch variiert seine Höhe.

3.4.4 Der Motor

Der Schermotor erzeugt die Kraft für das Scherhandstück, mit dem geschoren wird.

Grundsätzlich unterscheidet man zwischen Ein- und Dreigangmotoren. Die Bezeichnung Gang bezieht sich dabei auf die Geschwindigkeit der Drehzahl in U/min.

Eingangmotoren haben eine Drehzahl von etwa 2800 U/min. Die höchste Drehzahl bei Dreigangmotoren ist 3500 U/min. Profi- und Berufsscherer benutzen Dreigangmotoren, die mit höchster Drehzahl gefahren werden. Für den Hobbyscherbereich sind Eingangmotoren ausreichend. Komplette Schuranlagen (Motor, Stange oder flexible Welle und Handstück) können über diverse Händler in Deutschland bestellt werden.

3.4.5 Das Stangengelenk

Bei der Schur auf dem Boden ist die Benutzung eines Stangengelenkes heutzutage Standard. Es besteht aus einem langen und einem kurzen Stangenteil, der über das sogenannte Ellenbogengelenk mit Zahnrädern verbunden ist. Im Inneren der metallenen Außenhülle befinden sich Stäbe aus kunstfaserähnlichem Material. Sie übertragen die Kraft vom Motor auf das Handstück. Die Stäbe sind über ein Haken-Ösen-System miteinander verbunden und dadurch bei Verschleiß leicht zu ersetzen. Zur Schersicherheit sollte der Zustand der Rutschkupplung regelmäßig überprüft und bei fortgeschrittener Abnutzung erneuert werden. Sie befindet sich im unteren, kurzen Teil des Stangengelenkes. Die Rutschkupplung ist eine Art Feder und sorgt für das Abstoßen des Handstückes bei Störungen bzw. wenn das Handstück auf nicht schneidfähige Barrieren trifft und verhindert somit Handstückblockaden.

Die Höheneinstellung des Motors und des Stangengelenkes sind wichtig für seine volle Funktionsfähigkeit und eine bequeme Schur. Dafür sollte das kurze Ende des Stangengelenkes mindestens den Boden berühren. Ein in der Luft hängendes Stangenteil schränkt den Bewegungsradius beim Scheren ein.

Stangengelenke sind empfindliche Teile, mit denen sorgsam umgegangen werden muss. Lagern Sie sie immer gerade und frei liegend oder gerade hängend. Eine leicht gebogene Stange im Bereich der Feder erschweren den Gebrauch erheblich. Achten Sie darauf, dass die beiden Enden für den Motoranschluss und das Handstück unversehrt und sauber bleiben. Beim Transport oder längerer Lagerung empfiehlt es sich, diese abzubinden oder passende Hülsen daraufzustecken.

Ein Stangengelenk muss bei Gebrauch regelmäßig geölt werden. Die Öllöcher entlang der Stange sind leicht zu finden. Vor jedem Arbeitsbeginn sollte ausreichend mit einem speziellen Schermaschinenöl geölt werden. Lassen Sie den Motor und das Stangengelenk warmlaufen, ohne es direkt mit dem Handstück zu verbinden. Eine gut geölte Stange läuft nicht nur weicher während der Schur, sie ist auch leiser. Ungewöhnliche Knatter- und Reibegeräusche sind Zeichen für einen Mangel an Öl in der Stange und in den Zahnrädern.

3.4.6 Flexible Welle

Für die Bodenschur wird eine flexible Welle mit einer Länge von zwei Metern benutzt. Ihre äußere und durchgehende Hülle ist aus Neopren. Das macht sie leichter und weniger anfällig als Stangengelenke. In tief gebauten Ställen, in denen eine korrekte Höheneinstellung eines Motors mit Stangengelenk nicht möglich ist, kann eine flexible Welle in Ausnahmefällen auch einmal niedriger eingestellt werden. Im Gegensatz zum Stangengelenk schwingt die flexible Welle weniger, was für ein allgemein ruhigeres Scheren sorgt. Durch ihre Biegefähigkeit und längere Reichweite müssen aus der Position geratene Schafe während der Schur nicht zwingend nachkorrigiert werden.

Die Höheneinstellung der flexiblen Welle ist richtig, wenn sie am Motor herunterhängt und den Boden gerade so berührt.

Ölen Sie die Welle regelmäßig, genauso wie das Stangengelenk. Die flexible Welle hat nur ein Ölloch, es befindet sich direkt unter dem Motoranschluss.

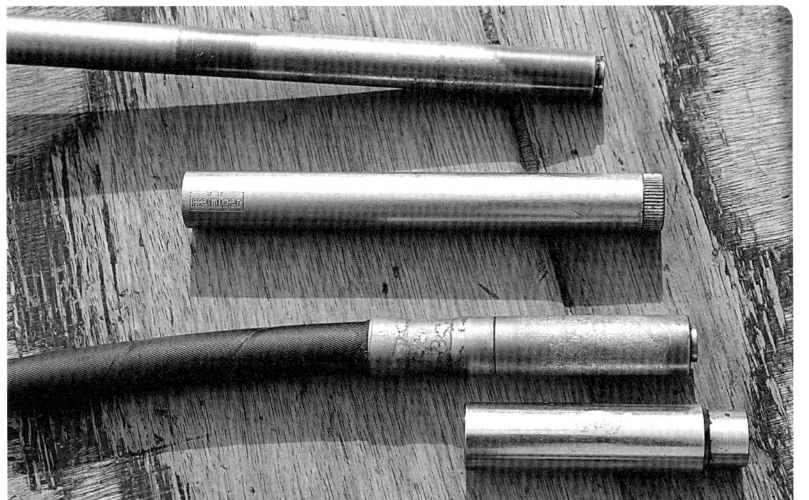

Achten Sie beim Kauf von flexiblen Wellen auf die Dicke des Führungsrohranschlusses. Dementsprechend ist das Führungsrohr dem Handstück anzupassen. Unten: Dickes Führungsrohr zum Anschluss an eine flexible Welle. Oben: Dünnes Führungsrohr für ein Stangengelenk.

3.5 Scherstand für die Bankschur

Die einfachste Variante einer Bankschurausrüstung ist eine Grundplatte, auf der eine Bank befestigt wird. Der Motor hängt an einer Haltestange, wie bei der Bodenschurplatte.

An vielen Scherplätzen findet man häufig einen fest installierten und frei hängenden Balken, an denen Motoren aufgehängt werden können. In diesem Fall erübrigt sich eine separate Stangenaufhängung für den Motor.

Die meisten Bankscherer benutzen einen frei stehenden Stand mit fest installierter Schurbank auf der Grundplatte, Stangengerüst für den Motor, Rücklehne und Ablage. Je nach Konstruktionsart ist der Stand auf verschiedene Weise für den Transport zerlegbar.

3.5.1 Die Schurbank

Schurbankmaße richten sich nach folgenden Richtwerten:
Höhe etwa 30 cm
Länge 100 cm
Breite 50 cm

Die Benutzung einer kleinen Schurbank, auf der das Schaf bei der Schur gesetzt wird, ist einzigartig in Deutschland und kommt sonst nur noch in wenigen anderen Ländern Osteuropas vor. Die Höhe der Bank beeinflusst die Erreichbarkeit des Schafes und den Komfort des Scherers beim Scheren. Sie richtet sich nach der Körpergröße des Scherers. Sitzt ein Schaf zu hoch vor Ihnen, haben Sie weniger Kontrolle über das Schaf und es ist schwieriger am ihm „hoch zu scheren“. Bei einem zu tief sitzenden Schaf, kommt es zu einer verstärkten Gebückthaltung ihres Rückens. Um sich großen Schafen besser anzupassen, erhöhen Sie Ihren Standplatz durch das Unterlegen von z. B. Holzbrettern.

Einige Schafscherer haben an der vorderen Längsseite ihrer Bank eine erhöhte Kante, um das Nach-vorne-Wegrutschen des Schafes einzuschränken.

3.5.2 Motor und Welle

Da es keine speziellen Motoren für die Bankschur gibt, sind die Stangengelenke bzw. flexiblen Wellen kürzer als bei der Bodenschur. Bei den Bankscherern hat sich der Gebrauch der flexiblen Welle in den letzten 30 Jahren eindeutig durchgesetzt. Flexible Wellen für die Bankschur sind nur 1,65 Meter lang.

Frei stehender Bankschurstand mit Schurbank, Schererstandfläche, Motorhaltestangen, Rückenlehne, Ablage. Motor mit flexibler Welle.

3.6 Hinweise zur Schurstandbesorgung (Bank und Boden)

Wenn Sie planen, einen Stand bauen zu lassen oder einen gebrauchten oder neuen Stand zu kaufen, nehmen Sie sich kurz Zeit, folgende Gesichtspunkte kritisch zu hinterfragen:

Checkliste für die praktische Eignung eines Scherstandes

- Größe der Schurplatte, Gewicht des Standes und Sicherheit
- Ist die Grundplatte rutschfest?
- Ist die Grundplatte groß genug? (Bodenschur)
- Steht der komplett aufgebaute Stand in Balance?
- Ist die Grundplatte dünn genug, um, wenn nötig, darüber hinaus ausweichen zu können? (Bodenschur)
- Hält der Stand und die Motorhaltestange den Vibrationen des Motors stand?
- Ist die Motoraufhängung praktisch und sicher?
- Ist die Aufhängung einer Rückenschlinge erweiternd möglich? (Bodenschur)
- Garantiert die Position der Motorhaltestange eine bequeme Scherposition?
- Wie groß ist der Stauraum Ihres Fahrzeuges?
- Zerlegbarkeit des Standes und einfache Bedienung
- Bei der Zerlegbarkeit des Standes, wie viele Einzelteile machen Sinn?
- Sind die Einzelteile leicht ineinander verschiebbar, zu verbinden und zu teilen?
- Wie schnell ist der Stand auf- und abgebaut?
- Ist die Scherstelle immer direkt mit dem Fahrzeug zu erreichen?
- Muss der Stand zwischen Fahrzeug und Scherstelle häufig und wie weit getragen werden?
- Der Scherplatz ist oft limitiert. Scheren Sie vorwiegend unter freiem Himmel oder in Ställen/Schuppen/Unterstand
- Eigene Präferenzen.

3.7 Das Handstück

Das Handstück ist das Herzstück beim Scheren. Jeder Benutzer sollte eine gewisse Vorstellung davon haben, wie ein Handstück aufgebaut ist und wie es funktioniert. Die richtige Anbringung von Kamm und Messer ist Grundvoraussetzung für eine reibungslose Schur, sowohl für Scherer, Schaf und dem Material selbst. Nur mit dieser Kenntnis können Störungen in der Arbeitsweise des Handstückes erkannt und eliminiert werden. Separate Handstücke werden derzeit von vier verschiedenen Firmen angeboten.

3.7.1 Der Anschluss – Pin oder Worm?

Das Verbindungsstück zwischen Handstück und Stangengelenk bzw. der flexiblen Welle kann entweder ein **Worm-** oder **Pin-Anschluss** sein (siehe Abb. unten, Teil 27/29).

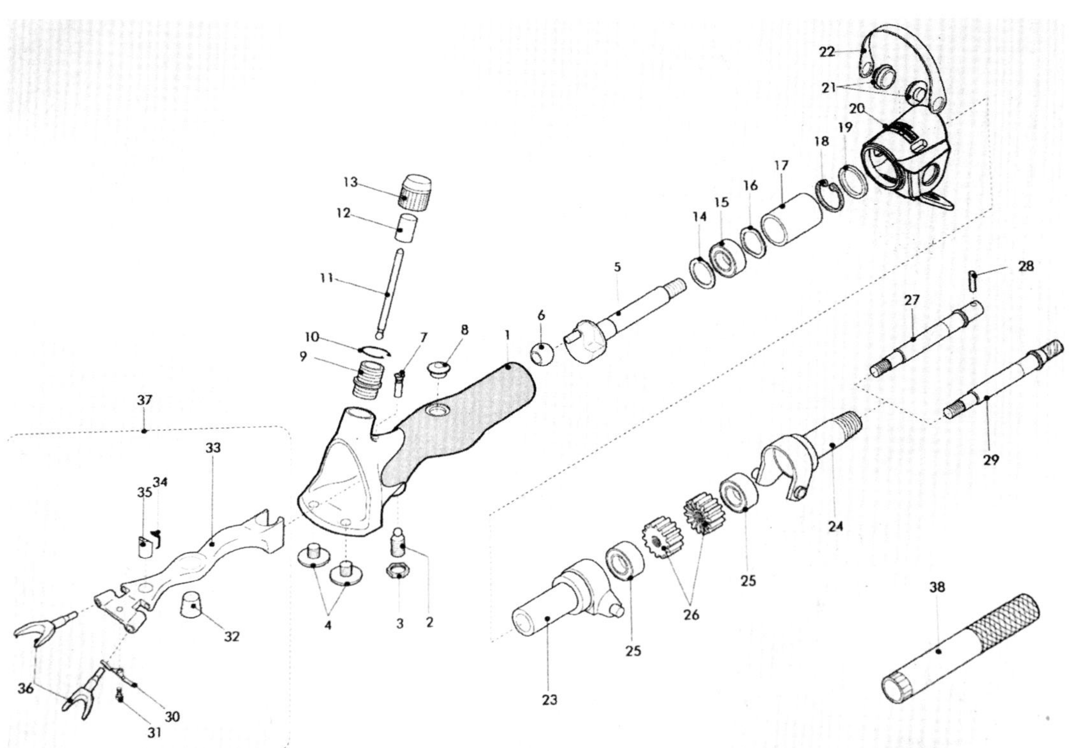

Aufbau des Handstückes (Zeichnung nach Heiniger).

1 Griffgehäuse
2 Kugelkopfschraube
3 Sicherungsmutter
4 Kammplattenschraube
5 Exzenterwelle
6 Kugel
7 Sicherungsschraube
8 Stopfen
9 Gewindebüchse
10 Sicherungsring
11 Druckstift
12 Druckbüchse oben
13 Verstellkopf
14 Distanzscheibe
15 Kugellager Front
16 Wellenscheibe
17 Gleitbüchse
18 Sicherungsring
19 Dichtung
20 Getriebeabdeckung
21 Federdeckel
22 Spannbügel
23 Gelenkstück innen
24 Gelenkstück außen
25 Kugellager Gelenkstück
26 Spezialzahnrad
27 Antriebswelle Pin (*Pin Drive*)
28 Stift konisch
29 Antriebswelle Worm (*Worm Drive*)
30 Haltefeder für Druckgabel
31 Flachkopfschraube
32 Drehpunktbüchse
33 Gabelkörper
34 Haltefeder für Druckstift
35 Druckbüchse unten
36 Druckgabeln
37 Gabelkörperkid (*short kid*)
38 Führungsrohr (kurz) für flexible Welle

Der Anschluss sitzt am hinteren Ende des Handstückes und ist sichtbar, wenn das Führungsrohr abgeschraubt ist. Die heutigen Handstücke sind generell mit Worm-Anschluss erhältlich. Achten Sie darauf, dass dieser Anschluss zu Ihrem bereits vorhandenen Material passt. Laufen das Stangengelenk oder die flexible Welle mit Pin-Anschluss, muss das Handstück dementsprechend umgerüstet werden. Aus Sicherheitsgründen hat sich der Worm-Anschluss durchgesetzt. Bei Störungen wird das Handstück in Zusammenarbeit mit der Rutschkupplung automatisch von der Welle abgestoßen. Der Worm-Anschluss und die Rutschkupplung können als integrierte Sicherung beschrieben werden. Dadurch vermeidet man Handstückblockaden, das Verletzungsrisiko für den Scherer wird herabgesetzt und weitere Maschinenschäden eingeschränkt.

3.8 Pflegemaßnahmen am Handstück

Wer sein Handstück lange und funktionsoptimiert nutzen will, muss es pflegen. Vor allem die Schmierung von beweglichen Teilen ist wichtig und darf nicht vernachlässigt werden.

3.8.1 Ölen und Fetten

Bestimmte Teile am Handstück werden gefettet, andere geölt.
Gefettete Teile:
- obere und untere Druckbüchse
- Druckgabeln

Füllen Sie diese Teile regelmäßig mit Fett auf, zumindest nach jeder größeren Grundreinigung. Achten Sie besonders auf den Fettvorrat in der oberen Druckbüchse. Ein dortiger Fettmangel kann zum Heißlaufen des Handstückes führen. Es gehört kein Fett in den Verstellkopf.

Geölte Teile:
- Kugel
- Zahnräder
- Führungsrohr

Diese Teile müssen vor der Handstückbenutzung und regelmäßig während der Benutzung geölt werden. Ein Ölmangel in der Drehpunktbüchse (siehe Abb. Seite 51, Teil 32) kann zum Heißlaufen des Handstückes führen. Das Öl gelangt nur dann in die Büchse, wenn der Gabelkörper lose liegt und nicht auf der Kugelkopfschraube sitzt, Das ist dann der Fall, wenn ein Messer festgezogen ist. Ölen Sie direkt auf die Gabelkörperunterseite, **bevor** Sie Kamm und Messer anbringen und drehen Sie das Handstück dabei so, dass Sie auf die Unterseite des Handstückes schauen. Halten Sie das Handstück leicht

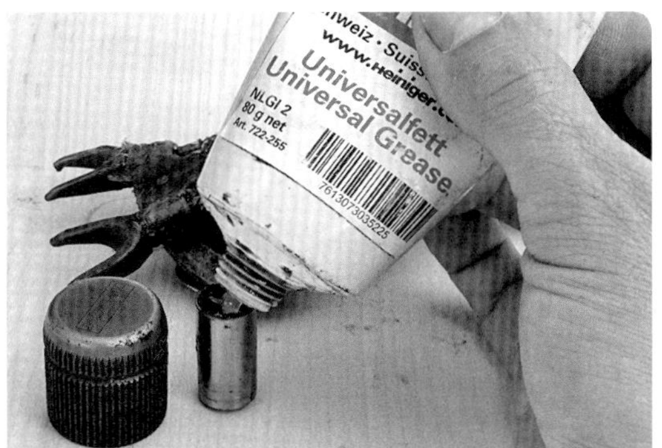

Ein ausreichender Fettvorrat in der Druckbüchse vermindert das Heißlaufen des Handstückes.

nach hinten gekippt, um den Ölfluss zur Drehpunktbüchse zu beschleunigen und deren Erreichbarkeit sicherzustellen.

Achten Sie bei der Grundreinigung des Handstückes darauf, dass kein Wasser in den hinteren Teil des Handstückes gelangt. Die hundertprozentige Trocknung nach einer Spülreinigung ist wichtig, um Rostansatz zu verhindern. Ölen Sie zu diesem Zweck alle erreichbaren Metallteile des Handstückes ein und sprühen Sie mit einem Ölzerstäuber in das Innere des Handstückkörpers.

3.8.2 Erneuerung von Verschleißteilen am Handstück

Die Innenteile eines Handstückes können gewechselt werden. Das erspart den Kauf eines komplett neuen Gerätes. Die Abnutzung von fünfzig Messern wird als zeitliche Orientierung herangezogen, um folgende Teile auszuwechseln:

- Druckbüchse oben und unten
- Druckstift
- Drehpunktbüchse
- Kugelkopfschraube

Diese Teile können einzeln oder als Set gekauft werden. Die Ersatzteile müssen den gleichen Hersteller haben wie das Handstück selbst, Ersatzteile verschiedener Hersteller sind nicht kompatibel. Zum Wechseln dieser Teile und für die korrekte Einstellung der Kugelkopfschraube benötigt man Spezialwerkzeuge. Wer diese nicht hat, sollte das Auswechseln von einem Fachmann erledigen lassen. Das gilt auch für die Kugellager und alle im Handstückhinterteil liegenden Teile, inklusive der Zahnräder. Diese Teile sollten spätestens dann ausgewechselt werden, wenn das Handstück spürbar vibriert oder rattert und die Arbeitsgeräusche lauter werden.

Die Erneuerung der Druckgabeln ist je nach Bedarf durchzuführen. Ihre Unversehrtheit ist unentbehrlich für eine sichere Fixierung und gleichmäßige Druckausübung auf das Messer und verantwortlich für einen guten Schnitt. Abgenutzte Druckgabeln sind einfach zu erkennen, wenn man neue Druckgabeln mit alten vergleicht. Sie sind paarweise im Handel erhältlich.

Things to do and not to do – was man tun und was man besser lassen sollte

- Ein schonender Umgang im Alltag erhöht die Lebensdauer des Handstückes.
- Benutzen Sie das Handstück nie ohne die Haltefeder für den Druckstift. Das Messer kann wegfliegen, wenn der Stift aus der unteren Druckbüchse gerät.
- Entfernen Sie den Sicherungsring am Stopfen nicht.
- Schlecht geschliffene Kämme und Messer beanspruchen das Handstück stark.
- Legen Sie das Handstück beim Schafwechsel vorsichtig auf dem Boden ab.
- Hängen Sie das Handstück nicht an der Verstellschraube auf.
- Stellen oder hängen Sie das Handstück bei Nichtbenutzung mit der Öffnung nach unten auf, sodass Dreck und Wolle aus dem Inneren des Handstückkörpers herausfallen können.
- Wenn Sie sandige Schafe scheren, spülen Sie das Innere des Handstückkörpers, während es läuft, gelegentlich mit Öl (ohne Kamm und Messer).
- Ölen und Fetten Sie die besprochenen Handstückteile regelmäßig.

Verändern Sie NIE die Stellung der Kugelkopfschraube!
Der kleine Kugelkopf passt haargenau in die Kugelwölbung, die an der Unterseite des Gabelkörpers eingelassen ist. Die Höhe der Kugelkopfschraube bestimmt den Winkel, mit dem die Druckgabeln, als Verlängerung des Gabelkörpers, auf das Messer wirken. Erwünscht ist ein gleichmäßiger Druck auf das Messer mit leichter Druckkonzentration zur Messerspitze. Je höher die Kugelkopfschraube, desto steiler von oben wirken die Druckgabeln auf das Messer und der Druck konzentriert sich auf die Messerspitzen, die sich schneller abnutzen und heißlaufen. Je tiefer die Kugelkopfschraube, desto flacher nach hinten gekippt treffen die Druckgabeln auf das Messer. Die Messerspitzen bekommen zu wenig Druck und das Schnittvermögen lässt nach.

Neue Handstücke haben eine korrekte Einstellung der Kugelkopfschraube. Mit Gebrauch nutzen sich die Kugel, das Gewölbe und die oben beschriebenen Teile ab. Der Abnutzungsprozess wird beschleunigt, wenn Sie häufig sandige und schmutzige Schafe scheren. Der Metallabrieb geht automatisch mit der Veränderung des Druckwinkels auf das Messer einher, weil die Kugel und das Kugelgewölbe unrund werden. Darum ist es wichtig, stets das gleiche Set Messer an einem Handstück zu gebrauchen und nach Abnutzung dieses Sets die abgenutzten Teile (Druckbüchse oben und unten, Druckstift, Drehpunktbüchse, Kugelkopfschraube) auszuwechseln, **bevor** Sie neue

Hängen Sie das Handstück nicht, wie links im Bild, an der Verstellschraube auf, sondern mit der Öffnung nach unten, sodass der Schmutz herausfallen kann.

Verändern Sie die Kugelkopfschraube nicht freihändig. Ein spezieller Stellschlüssel ist hier für eine korrekte Anpassung nötig.

Messer für dieses Handstück kaufen. Wechseln Sie von dünnen zurück zu dicken Messern kann das, abhängig vom Abnutzungsgrad der genannten Teile, zu einem nicht zufriedenstellenden Schnittresultat führen.

3.9 Schurkämme für Schafe

Der am häufigsten verwendete Schurkamm für Schafe hat 13 Zähne, der Winterkamm neun. Ein Kamm besteht aus einer Schneidfläche und der Kammrückseite. Da auf den Verkaufspackungen Angaben in Englisch üblich sind, sollen sie hier erklärt und weiterführend verwendet werden.

3.9.1 Wodurch unterscheiden sich Kämme?

Es gibt drei wesentliche Merkmale, wodurch sich Kämme unterscheiden:
- Materialdicke im Neuzustand
- Arbeitsbreite
- Abflachung der Kammspitze, engl. *Bevel.*

Auf der Kammrückseite sind alle Zahnspitzen wenige Millimeter mehr oder weniger rundlich abgeflacht. Dieser Bereich an den Zahnspitzen wird im Englischen als *Bevel* bezeichnet. Die *Bevel*-Art eines Kammes gibt an, für welchen Wolltyp er sich eignet.

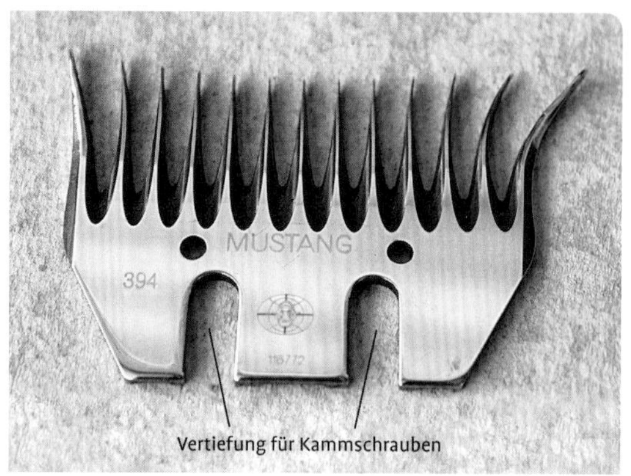

Kammrückseite.

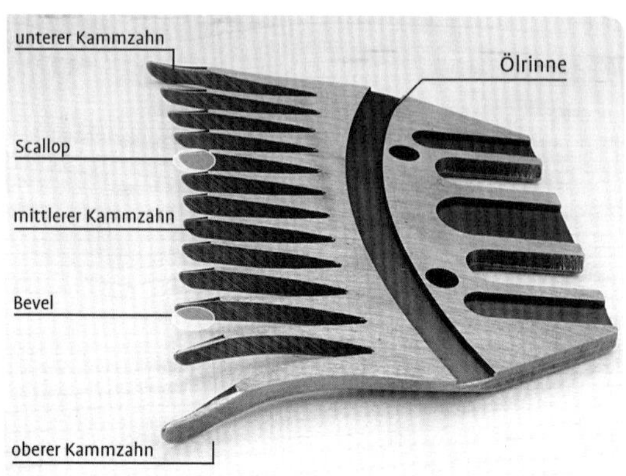

Schneidfläche.

An den Kammspitzen der Schneidfläche befinden sich dagegen flache bogenförmige Vertiefungen, die zur Spitze hin abfallen. Die englische Fachbezeichnung dafür ist *scallop* (Bogenkante). Sie sorgt für einen geschmeidigen Scherfluss, vermindert Verhakungen in der Wolle und Haut und somit die Gefahr von Schnittverletzungen.

Durch Metallabrieb beim Schärfen des Kammes verkürzt sich die *scallop* und wird letztendlich ausgeschliffen. Die Spitzen des Kammes sind dann kantig und rau und verhaken sich leicht in Unebenheiten der Haut oder an Körperecken des Schafes, wodurch Schnitt- und Kratzverletzungen verursacht werden können. Das tatsächliche Vorhandensein der *scallop* an einem Kamm garantiert somit auch eine gewisse Sicherheit und kann als die optimale Lebensdauer eines Kammes beschrieben werden.

3.10 Was bewirkt der Durchmesser eines neuen Kammes?

Neue Kämme werden in verschiedenen Materialstärken angeboten, welche von Hersteller zu Hersteller unterschiedlich sind. Generell spricht man bei „*full-thickness*“-Kämmen (volle Dicke) von der höchstmöglichen Materialstärke (etwa 5 mm). „*Run-in-thickness*“-Kämme (eingefahrene Stärke) sind um 1–2 mm dünner als die Originalstärke. Sie können sofort genutzt werden, ohne sie „einfahren“ zu müssen.

Einfahren oder Englisch „*break in*“, bedeutet nichts anderes als der Übergang vom Neuzustand zum Gebrauchtzustand. Ein dicker Kamm schiebt sich unter bestimmten Scherbedingungen (dichte gelbe Wolle im Frühjahr oder nach Ablammung) schwieriger durch die Wolle, wodurch die Benutzung neuer Kämme am Anfang anstrengender sein kann.

Nach mehrmaligem Schleifen gilt ein Kamm als eingefahren und kommt der Dicke eines *run-in*-Kammes nahe. Scherer, die sich die Mühe und Zeit sparen wollen, kaufen daher *run-in-thickness*-Kämme.

Ein *full-thickness*-Kamm besitzt mehr *scallop*. Scherer, die diese Kämme bevorzugen, erhoffen sich eine längere Nutzungsdauer und dadurch finanzielle Einsparungen.

Neue Kämme können direkt aus der Packung heraus benutzt werden. Sie sind scharf und haben einen korrekten Industrieschliff. Bei Schermessern der meisten Hersteller ist das hingegen nicht der Fall.

3.11 Was bewirkt die Arbeitsbreite?

Die Arbeitsbreite eines Kammes ist zum einen ein Leistungsindikator, genau wie die Arbeitsbreite eines Mähdreschers. Ein breiter Kamm kann mehr Wolle schneiden als ein schmaler.

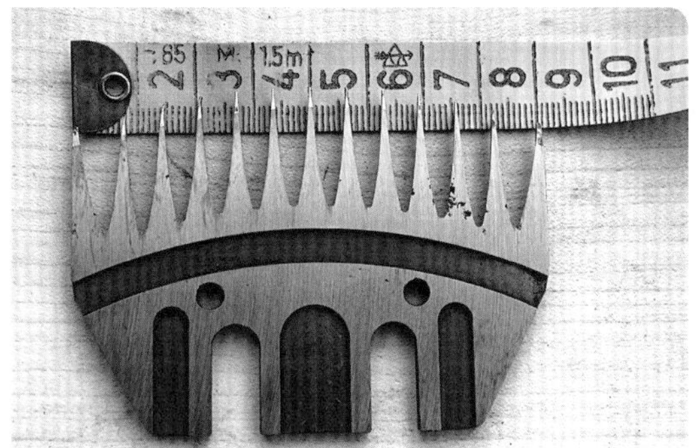

Konvexer Kamm. Alter russischer Kamm.

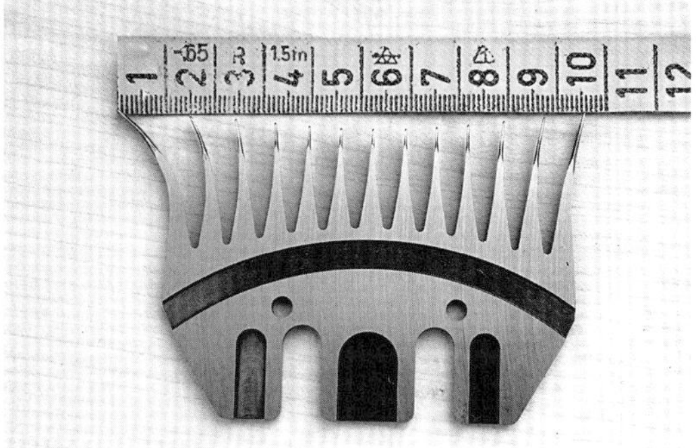

Konkaver Kamm. Moderner Kamm mit einer Arbeitsbreite von 96 mm.

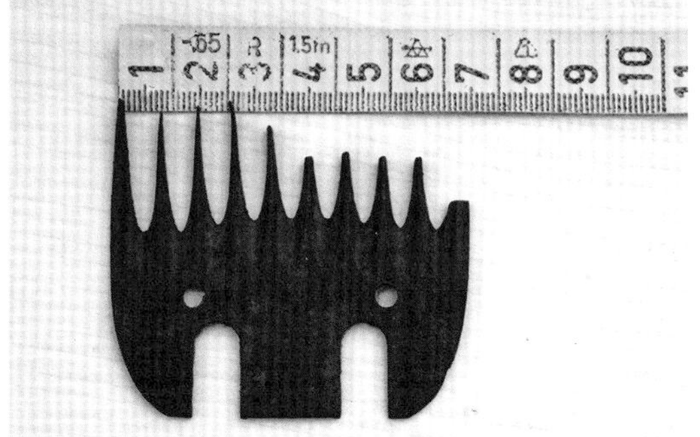

Australischer Schmalkamm *(Narrow Gear)*. Diese Kämme wurden bis in die 1980er-Jahre benutzt.

Zum anderen beeinflusst die Arbeitsbreite eines Kammes den Scherfluss und Kraftaufwand für den Scherer.
Auf dem Markt gibt es zwei Arten von Kämmen:
- Konvexe Kämme, Außenzähne nach innen gebogen,
- konkave Kämme, Außenzähne nach außen gebogen.

Arbeitsbreiten moderner Kämme variieren von 76 mm für konvexe und 84 mm bis 100 mm für konkave Kämme.

3.11.1 Wozu gibt es verschiedene Kammbreiten?

Um sich der Beschaffenheit der Wolle und den variierenden Körperformen der Schafe gezielter anzupassen zu können, benötigt man verschiedene Kammbreiten. Weiterhin beinflusst die Kammbreite nicht unwesentlich den Kraftaufwand des Scherers.

Der Körperbau des Schafes lässt in den seltensten Fällen eine hundertprozentige Auslastung großer Kammbreiten zu. An runden Körperstellen, wie z. B. am Hals, kann ein breiter Kamm nicht lückenlos flach auf der Halsoberfläche gefahren werden. An den abfallenden Körperrundungen heben sich einige Kammzähne von der Körperoberfläche ab und fahren mitten in die Wolle hinein. So wird nur die Wollspitze abgeschnitten und der untere Wollteil bleibt als Wollstreifen am Schafkörper. Werden sie allerdings nachgeschoren, entstehen kurze und wertlose Wollfusseln (*second cuts*), die dem Vliesgewicht verloren gehen. Deshalb wird in diesen Regionen häufig nur mit „halber Kammbreite“ geschoren, d. h. nur mit den unteren Zähnen – die oberen bleiben frei. Die optimale Auslastung eines 98 mm breiten Kamms gegenüber einem mit 93,5 mm kommt nur bei absolut korrekter Zugführung zustande. Eine deutliche Zugminimierung ist beim Übergang von konvexen zu konkaven Kämmen zu bemerken.

Wie Muskelenergie gespart werden kann, soll das Beispiel eines Schneeschiebers verdeutlichen. Je breiter das Schiebefeld des Schneeschiebers, umso schwerer ist der Schnee zum Schieben: je schmaler, desto leichter.

Je breiter ein Kamm, desto mehr Kraft ist notwendig, um die Widerstandskraft der Wolle infolge erhöhter Arbeitsbreite zu überwinden. Das kommt vor allem dann zum Tragen, wenn die Wolle klebrig, gelb oder dicht ist. Weiterhin verhaken sich breite Kämme leichter in der Wolle oder z. B. an Beinansätzen, Kopfgegenden oder Schulterbereichen, in Fremdpartikeln der Wolle, natürlichen und erzeugten Hautfalten, die entstehen, wenn das Schaf in „geknautschter“ Scherposition sitzt.

Breitere Kämme eignen sich für vorrangig für große Schafe mit gut schneidfähiger Wolle. Kammbreiten von 92 mm bis 97 mm sind in der Praxis die meist verwendeten Kämme unter Berufsscherern.

Der Gebrauch von konvexen Kämmen ist in Deutschland durchaus beliebt. Vor allem Hobbyscherer nutzen sie gern, weil sie sich weniger in Haut und Wolle verhaken. Schmale Kämme sind ideal zum Ausschwänzen oder zum Scheren kleiner Lämmer, aber auch für Handmaschinen, da sie wegen ihrer geringeren Arbeitsbreite weniger Energie verbrauchen. Besonders an Handmaschinen mit Akku erhöhen sich dadurch die Akkuleistung und die Schurgeschmeidigkeit.

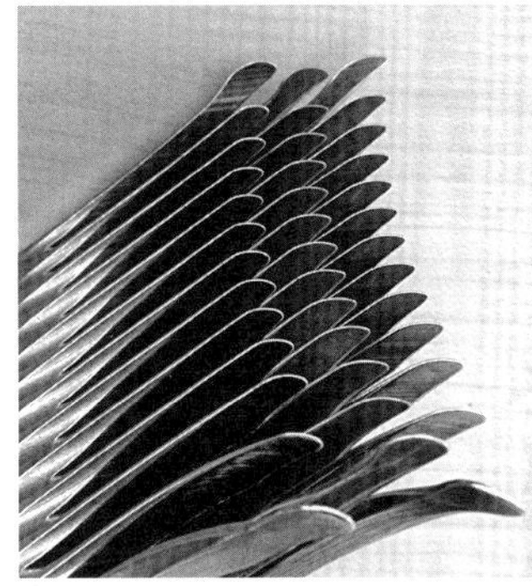

Verschiedene *Bevel*-Typen. Achten Sie auf die Abflachung der Kammspitzen.

3.11.2 Was bewirkt das Bevel?

Die Angabe des *Bevel* bezieht sich im Gegensatz zur Arbeitsbreite und Dicke speziell auf den Wolltyp, der damit geschoren werden kann. Es ist die wichtigste Bezeichnung eines Kammes und wird von Berufsscherern penibel genau beachtet. Das *Bevel* ist die Abrundung der Kammspitze auf der Rückseite des Kammes und wird in Millimeter angegeben. Es ist dafür verantwortlich, wie gut ein Kamm in und durch die Wolle fährt und für welche Wolltypen sich der Kamm eignet. Die einzelnen *Bevel*-Arten lassen sich in drei große Gruppen einordnen:

- short (kurz)
- medium (mittel)
- long (lang)

3.11.3 Welcher Bevel für welchen Wolltyp?

Short Bevel 3–4 mm: Werden prinzipiell für alle gut zu scherenden Schafe mit voller oder Halbjahreswolle benutzt, nicht für Merinos sind oder für Schafe mit Feinwolle. In Deutschland sind das die geläufigsten Kämme.
Medium Bevel 5 mm: Können für alle Wolltypen benutzt werden. Sie eignen sich gut für Schafe mit dichter oder gelber Wolle.
Long Bevel 6–9 mm: Werden hauptsächlich für Feinwollschafe und Merinos benutzt. Für die Schur in Deutschland sind diese Kämme von geringer Bedeutung.

Der *Bevel* beschreibt auch einen Grad an „Schärfe“. In diesem Sinne sind *short Bevel* „sichere“ Kämme, weil die Spitze steil und rund ist. Die Spitzen der *long-Bevel*-Kämme sind dagegen lang gezogen und stark abgeflacht ist. Sie gleiten besser in und durch dichte Wolle, können aber auch leichter Schnittverletzungen hervorrufen.

Viele Kämme mit gleichem *Bevel (ACE; Beiyuan)* haben zudem extra punktierte Spitzen, was im Englischen umgangssprachlich als *„pointy tip“* bezeichnet wird. Diese Kämme eignen sich besonders bei der Schur gelber oder dichter Wolle. Eine abgerundete Spitze *„rounded tip“* lässt sich wiederum geschmeidiger fahren.

Hinweis
Ein *long-Bevel*-Kamm kann für jeden Wolltyp, aber nicht für jeden Wolltyp kann ein *short-Bevel*-Kamm benutzt werden.

3.12 Firmenspezifische Angaben für Kämme

Die Kammvielfalt ist größer als alles andere, was es für eine Schafschur auf dem Markt gibt. Jeder Kammhersteller bezeichnet die Kammeigenschaften mit seinen firmenspezifischen Angaben. Sie befinden sich auf der Verpackung oder auf dem Kamm selbst. Um die Vielfältigkeit besser zu verstehen, sollen im Folgenden firmenspezifische Angaben an Beispielen häufig genutzter Kämme erklärt werden.

Heiniger

Auf dem Kamm: Name des Kammes steht in der Mitte, der Firmenname auf der linken Seite des Kammes (kann auch umgekehrt sein).

Supershear

Auf dem Kamm: Name des Kammes steht in der Mitte, darunter das Firmenlogo. Links befindet sich eine Hunderterzahl z. B. 394, die 3 bedeutet *Bevel* 3, die 94 ist die Kammbreite in mm. Auf der Schneidfläche dieser Kämme gibt es keine weiteren Hinweise.

Beiyuan

Dieser chinesische Hersteller hat die größte Auswahl an Kämmen. Vor allem im *long-Bevel*-Bereich übertrifft er alle anderen Firmen mit einer gewaltigen Auswahl. In Ländern mit hohem Feinwollschafanteil sind die Kämme sehr beliebt, weil es für nahezu jeden Feinwolltyp und jede Wollbeschaffenheit eine Kammoption gibt.

Die *Long Bevel*-Auswahl beginnt hier bei 5 mm und reicht bis 8 mm. Die Einteilung der Arbeitsbreite steigt gleichmäßig in geraden Zweierschritten; 92, 94, 96 mm. Dazu kommt, dass jeder Kamm in der Arbeitsbreite ab 90 mm, inklusive 100 mm, sowohl als *full-thickness* als auch *run-in-thickness* erhältlich ist, was Beiyuan als ¾ bezeichnet.

Jeder *long-Bevel*-Kamm ist weiterhin mit einer abgerundeten Spitze (*rounded tip*) oder punktierten Spitze (*pointy tip*) erhältlich. Der *rounded*-Kamm ist mit den Großbuchstaben **UB** und der *pointy*-Kamm mit **V** gekennzeichnet. Diese Angaben sind zusammen mit dem Firmennamen und der Kammbreite auf der Kammrückseite abgedruckt.

Die *Bevel*-Angabe befindet sich eingraviert (z. B. 6, 7 oder 8) am unteren Rand der Schneidflächenseite.

Beispiele für Angaben auf der Kammrückseite:

- **8UB-94** = *Bevel* 8, UB = *rounded tip*, 94 mm Arbeitsbreite
- **96MB** = 96 mm Arbeitsbreite, MB = *medium Bevel*
- **7V-92** = *Bevel* 7, V = *pointy pip*, 92 mm Arbeitsbreite

ACE

ACE-Kämme werden vor allem für den *long-Bevel*-Bereich hergestellt. Der ACE-*Bevel*-Bereich beginnt bei 4,5 mm und steigt in 0,5 mm

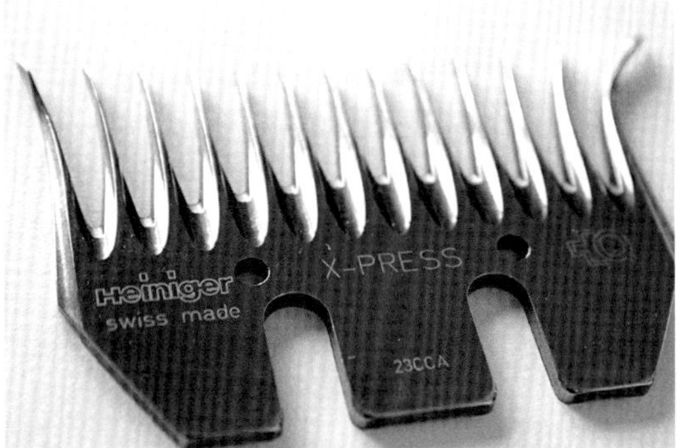

Auf Heiniger-Kämmen befindet sich auf der Kammrückseite nur der Name des Kammes (hier mittig).

In der Mitte des Supershear-Kammes ist der Kammname gedruckt.
394 bedeutet: *Bevel 3*, Arbeitsbreite 94.

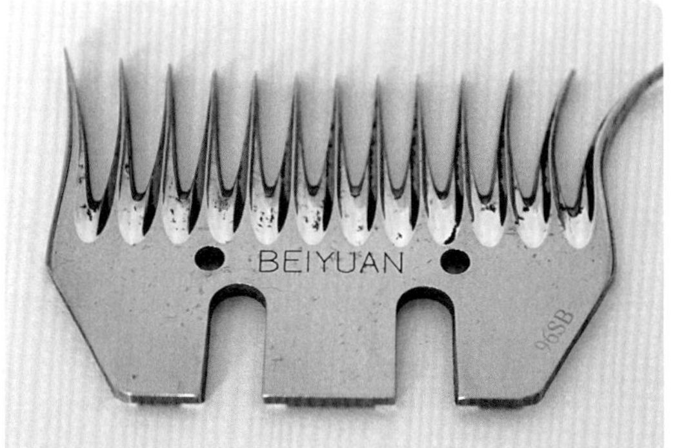

Auf den chinesischen Kämmen befindet sich der Firmenname in der Mitte. Seitlich rechts stehen die kammspezifischen Eigenschaften, hier 96 SB = 96 mm Arbeitsbreite, SB = *short Bevel*.

Auf der Schneidflächenseite der Beiyuan-Kämme ist im tiefer gelegten Mittelfeld z. B. 7, 8, oder 4 eingestanzt. Hier 35 für 3,5 mm *Bevel*.

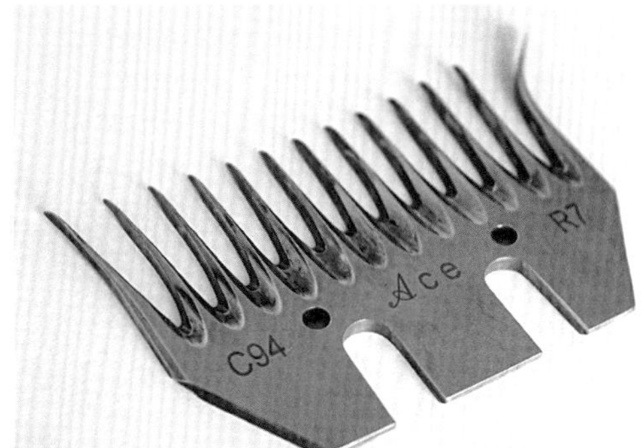

ACE-Kamm: links C94 – 94 mm Arbeitsbreite und C für ***run-in-thickness***, Mitte ACE – Firmenname, rechts R7 für Rechtshänder *Bevel* 7.

Schneidfläche eines ACE-Kammes. 7 steht für *Bevel* 7, V für *pointy tip*.

Alle Angaben eines Kammes findet man auch auf der Packung, von oben nach unten:
- Beiyuan 8 *Bevel* 8, UB *rounded tip*, ¾ *run-in-thickness*
- AWESOME (Name des Kammes), *full-thickness*, *5 Kämme*, 92 Arbeitsbreite in mm, long bevel
- Beiyuan *7 Bevel* 7, UB *rounded tip*, ¾ *run-in thickness*
- REBEL (Name des Kammes), *run-in-thickness*, *5 Kämme*, 92 Arbeitsbreite in mm, *long Bevel*

Schritten bis *Bevel* 7,5mm. Eingefahrene Kämme kennzeichnet ACE mit „C" und *full-thickness*-Kämme mit „H".

Andere Kämme
Lister-Kämme der englischen Firma Lister, John Hand-Kämme und Kämme kleiner privater Hersteller sind im Gegensatz zu den genannten Kammherstellern nur vereinzelt in Gebrauch.

3.13 Der Winterkamm

Der Winterkamm für Schafe hat nur neun Zähne. Unter jedem zweiten Zahn befindet sich eine Art Kufe, die den Kamm um wenige Millimeter von der Körperoberfläche hebt. Ziel ist eine vor Kälte schützende Wollschicht am Schafkörper. Diese Kämme finden Anwendung in den Wintermonaten oder wenn Schafe unter kühlen Witterungseinflüssen geschoren werden müssen. Um diesen Effekt noch zu verstärken, kann unter dem Winterkamm zusätzlich ein *Lifter* befestigt werden. Das macht weitere 10 mm Wolle aus. Der Gebrauch von Winterkämmen ist in Deutschland selten, aber nicht unüblich.

Sicherheitshinweis!
Vorsicht bei Winterkämmen!
- Benutzen Sie nur dicke Messer!
- Lassen Sie genug Abstand zwischen Messer- und Kammspitze!
- Sicherungsfeder am Handstück muss vorhanden sein!
- Ausgeschliffene Winterkämme gehören ausrangiert!

3.13.1 Sicherheitshinweise beim Gebrauch von Winterkämmen

Durch die verminderte Zahnanzahl und dem größeren Abstand zwischen den Zähen erhöht sich bei unsachgemäßer Handhabung von Winterkämmen das Risiko von Schnittverletzungen und Handstückblockaden. Fahren Sie Winterkämme immer mit dicken Messern. Dünne Messer sind in sich beweglicher als dicke und können sich zwischen den Kammzähnen leichter verhaken. Gleiches geschieht, wenn sich die Druckgabelstifte beim gewöhnlichen Festziehen des Messers durch die Messerlöcher hindurchdrücken. In beiden Fällen steigt die Gefahr von Handstückblockaden. Einige Firmen bieten extra dicke Messer für den Winterkammeinsatz an (z. B. Heiniger-Messer „Storm" mit 4,6 mm).

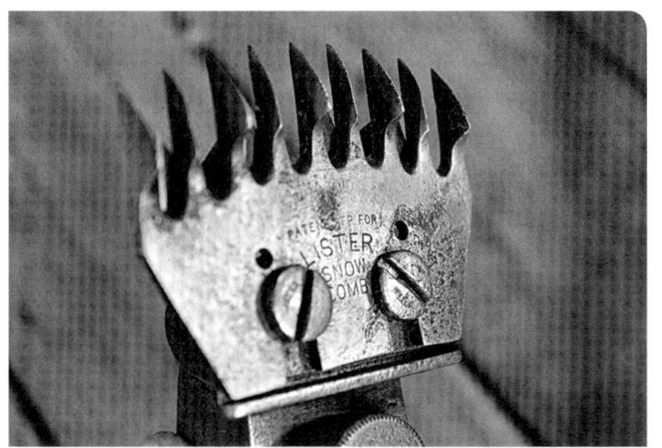

Neunzahniger Winterkamm mit Kufen unter jedem zweiten Zahn.

Beim Gebrauch von Winterkämmen kommt es zu mehr Spannung und Vibrationen des Handstückes. Benutzen Sie nur Handstücke, die in einwandfreiem Zustand sind. Besonders wichtig ist das Vorhandensein des Sicherungsringes, damit sich im Falle der erhöhten Vibration der Verstellkopf nicht löst.

Scheren Sie mit flacher Hand und vermeiden Sie, die Kammspitze direkt zur Haut zu richten. Besondere Vorsicht gilt um die Beine und Geschlechtsorgane des Schafes. Halten Sie das Schaf in guter Scherposition und flachen Sie mit der freien Hand Hautfalten ab, aber geben Sie dabei acht auf Ihre eigenen Finger. Der größere Abstand zwischen den Zähnen kann sowohl am Schaf als auch an den Fingern des Scherers größeren Schaden anrichten, als der normale Schurkamm.

Sobald die *scallop* an Winterkämmen ausgeschliffen ist, sollten sie nicht weiter verwendet werden. Sie sind dann zu „scharf“ und verursachen umgehend Stich-, Kratz- und Schnittverletzungen.

3.14 Kammpflege und „*Experting*“

Zu den regulären Pflegemaßnahmen eines Kammes gehören:
- Kämme reinigen.
- Polieren der Kammrückseite mit rotierendem Poliergerät, Poliertuch, Polierkissen.
- Glatt feilen von jeglichen Unebenheiten an der Kammrückseite mit feinem Sandpapier.

Erweiterte Pflegemaßnahmen zur Verlängerung der Lebensdauer:
- Abrunden spitzer Kammspitzen nach *scallop*-Ausschliff mit Sandpapier oder Feile.
- Krumme Zähne geradebiegen.
- Abgebrochene Spitzen der Außenzähne rundschleifen.
- *side scalloping* ist das Wiedereinschleifen einer *scallop* nach ihrem Ausschliff.

Der Begriff *Experting* stammt u.a. aus früheren Zeiten, als z. B. in Australien mit jedem Schafscher-Team ein sogenannter „Expert" mitreiste. Dessen alleinige Aufgabe war es, die Kämme und Messer der Schafscherer zu schleifen. Im Englischen wird der Begriff *Experting* heute noch aktiv verwendet, wenn es um die spezielle Kammaufbereitung wie z. B. dem Ausdünnen der Kammspitzen oder das *side scalloping* geht. Nur wenige Scherer haben dieses wirkliche Know-how, wenn mit Lupe, *Bright Boy* (rotierendes Gerät zum Ausdünnen von Kämmen) und Sandpapier Kämme mit akribischer Genauigkeit bearbeitet und geschliffen werden, sodass mit ungeübtem Auge ein Unterschied zum Original kaum erkennbar ist.

Topscherer bereiten ihre Kämme so für Wettbewerbe, Rekordscheren aber auch für den alltäglichen Gebrauch vor. Ziele dieser Bearbeitung sind ein noch leichterer Eintritt in die Wolle, die Erhöhung der Fließgeschwindigkeit durch die Wolle und die Minimierung des Kraftaufwandes beim Scheren, ohne jedoch Schnittverletzungen zu riskieren.

3.14.1 Kämme reinigen

Kämme können mit Wasser gereinigt werden. Bei stark mit Wollfett oder Kot verschmutzten Kämmen hilft vorheriges Einweichen, bevor die Kämme abgebürstet werden. Trocknen Sie die Kämme unverzüglich nach Wasserkontakt, um Rostansatz zu verhindern. Das Gleiche gilt für Messer.

Matt oder Glanz? Kamm-Rutsch-Test

1. Nehmen Sie einen neuen (glänzend) und einen gebrauchten Kamm (dunkel und matt).
2. Legen Sie ein unbedrucktes T-Shirt/Stoffstück auf ein großes Stück Holz/Pappe oder Küchentablett.
3. Platzieren Sie die beiden Kämme nebeneinander am oberen Rand und heben Sie die Platte dort langsam an.

Welcher Kamm rutscht schneller?

3.14.2 Kämme polieren

Neue Kämme glänzen. Mit Gebrauch und dem Waschen schmutziger Kämme in Wasser werden sie an der Kammrückseite stumpf und dunkel. Sie sehen dann nicht nur unschön aus, dieser Zustand wirkt sich auch negativ auf das Scheren aus.

Glänzende Kämme gleiten nicht nur besser durch die Wolle und vermindern den Kraftaufwand für den Scherer, sie lagern auch weniger Wollfett an, was sich wiederum leichter abbürsten lässt. Um den Glanz und die Glätte der Kammrückseite zu erhalten, müssen Kämme regelmäßig poliert werden. Am einfachsten und schnellsten kommen Sie mit einem rotierenden Poliergerät zum Ziel.

Das Verdunkeln, Rostig- und Mattwerden von Kämmen, kann durch folgende Vorkehrungen minimiert werden:

- Lassen Sie Kämme nicht zu lange im Abwaschwasser liegen.
- Trocknen Sie feuchte Kämme mit einem Tuch ab. Das poliert sie gewissermaßen schon ein wenig.
- Lagern Sie Kämme penibel trocken.
- Polieren Sie Kämme regelmäßig mit einem Tuch, Polierkissen oder Poliergerät.

Polieren eines Kammes am rotierenden Polierpolster.

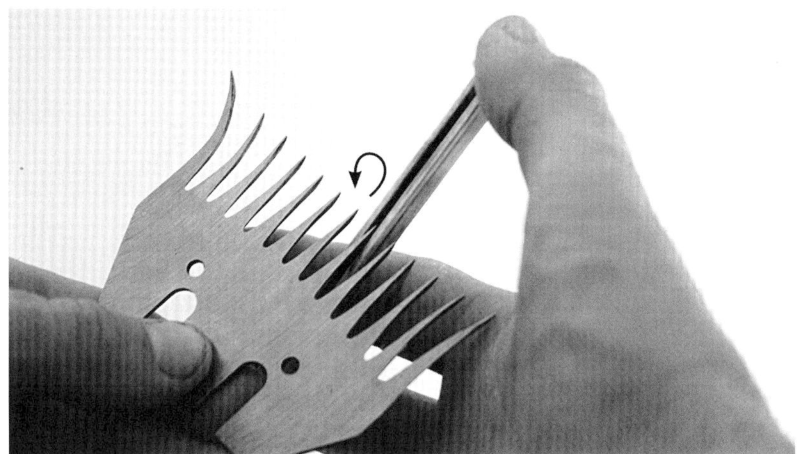

Die Kammspitzen eines ausgeschliffenen Kammes werden hier mit einer Kammpfeile abgerundet und wieder geschmeidig gemacht.

- Ölen Sie Kämme vor längerem Nichtgebrauch gründlich ein oder wickeln Sie sie in ölige Tücher.

3.14.3 Unebenheiten abfeilen

Unsanfter Handstückgebrauch, das Abschaben von Wollfett auf der Kammrückseite mit rauen Gegenständen oder das Fallenlassen von Kämmen sind nur einige Beispiele, wie Unebenheiten an den Zähnen der Kammrückseite entstehen können, ohne dass sie deutlich sichtbar sind. Die kleinste Unebenheit oder eine raue Kante sind für das Schafe während der Schur unangenehm. Es ist unruhig und tritt häufiger. Fühlen Sie die Kammspitze mit den Fingerspitzen regelmäßig ab und entfernen Sie Unebenheiten mit einem Stück Sandpapier (Körnung 1200).

3.14.4 Kammspitzen dünner Kämme abrunden

Die ausgeschliffenen *scallop* eines Kammes machen Kammspitzen spitz und unsicher. Mit Sandpapier können die Spitzen wieder so abgerundet werden, dass sie für den weiteren Gebrauch sicherer sind. Dieser Vorgang muss nach jedem bzw. jedem zweiten Schliff wiederholt werden, weil sich die abgerundeten Spitzen wieder ausschleifen. Das bedeutet zwar mehr Aufwand, erhöht die Lebensdauer eines Kammes jedoch spürbar.

3.14.5 Gebogene Kammzähne geradebiegen

Zähne verbiegen bei äußeren Gewalteinwirkungen, z. B. wenn das Handstück vom Tier weggetreten wird und unsanft gegen andere Objekte stößt. Das Geradebiegen eines verbogenen Zahnes ist unkompliziert. Erhitzen Sie die gebogene Stelle am Zahn und biegen Sie ihn vorsichtig in seine Ausgangsposition zurück. Halten Sie einen unversehrten Kamm zum Vergleich bereit und überhitzen Sie das Material und andere Zähne nicht. Der Stahl wird sonst brüchig.

3.14.6 Kammspitzen ausdünnen

Bei dieser Art der Kammbearbeitung werden die Kammspitzen an der Kammrückseite ausgedünnt. Dabei wird Metall seitlich von hinten in Richtung Kammspitzen abgeschliffen und die Seiten der Kammspitzen werden an der Kammrückseite geschmälert. Alle Zähne müssen gleichförmig geschliffen werden.
Vorteile:
- Das verbessert den Eintritt in die Wolle.
- Der Kamm läuft besser durch die Wolle.
- Es vermindert den Kraftaufwand des Scherers.
- Einfachere Nutzung neuer und dicker Kämme.

Die Seitenbearbeitung der Kammspitzen sollten Sie sich unbedingt von jemandem zeigen lassen, der sich damit auskennt. Fehlerhafte Abschliffe machen den Kamm unbrauchbar.

Für das Bearbeiten der Kammspitzen gibt es mehrere Möglichkeiten. Die gängigste Variante ist mit Schleifpapier der Körnung 1200. Dabei feilen Sie immer von hinten in Richtung Spitze. Achten Sie darauf, andere Zähne nicht zu berühren. Die Benutzung von Schleifpapier eignet sich besonders für Anfänger, denn der Vorgang ist insgesamt langsam und somit einfacher zu kontrollieren.

Eine mit feinem Diamantenstaub besetzen Feile oder mit einer Kammpfeile sind die stabileren Alternativen zum einfachen Sandpapier. Die Arbeitsweise ist dieselbe.

Geübte Kammbearbeiter benutzen ein rotierendes Schleifrad namens *Bright Boy*, das den Arbeitsaufwand deutlich verringert. Aber Achtung, Fehler können nicht rückgängig gemacht werden. Wenn Sie

Das Ausdünnen der Kammzähne mit einem *Bright boy.*

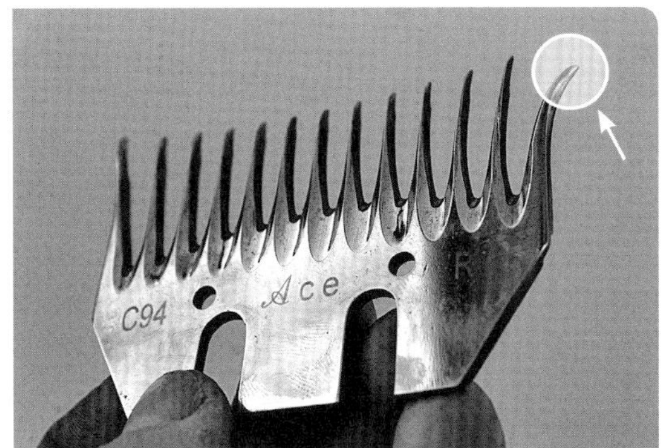

An diesem Kamm war die Spitze des Außenzahnes abgebrochen. Durch Rundschleifen und Ausdünnen der Zahnspitze mit einem *Bright Boy* ist er wieder funktionsfähig.

Kämme am *Bright Boy* bearbeiten möchten, üben Sie vorher unbedingt mit alten Kämmen. Ein Richtmaß dafür, wie weit geschliffen werden muss, gibt Ihnen ein ungeschliffener Kamm vor, an dem die Messerspuren noch deutlich zu sehen sind. Halten Sie den Kamm in allen Fällen mit beiden Händen und schauen Sie auf die Schneidfläche. Bearbeiten Sie zuerst die linke Seite der Spitzen für die rechte Seite der Kammzähne, drehen Sie den Kamm zur Kammrückseite und schleifen von oben herunter immer zur Spitze. Sorgen Sie für eine gute Lichtzufuhr und beginnen Sie langsam und mit Ruhe. Überprüfen Sie das Ergebnis zwischendurch mehrmals und schleifen Sie lieber öfter nach, als einmal zu weit.

3.14.7 Einen gebrochenen Kammzahn bearbeiten

Bricht ein Außenzahn im Bereich der Spitze, kann er durch Rundschleifen und Ausdünnen an der Kammrückseite weiter verwendet werden. Nur die Arbeitsbreite wird dadurch etwas verringert.

3.15 Messer

Jedes Messer auf dem Markt kann für jede Art von Schaf benutzt werden. Beim Kauf unterscheiden sie sich nur in ihrer Breite und Dicke. Wie beim Kamm gibt es volle Dicke (4,4 mm) und eingefahrene dünnere Messer (3,6 mm). Wenn Messer mit voller Dicke eingefahren werden sollen, ist ein zweites Set mit dünneren Messern mit einem zweiten Handstück empfehlenswert. Natürlich ist das nicht immer möglich, weil Schermaterial teuer ist oder sich die Anschaffung eines zweiten Handstückes für viele Hobbyscherer nicht rentiert. In Berufsschererkreisen sind zwei bis drei Handstücke durchaus normal.

Beim Schieben dicker Messer kann unter ungünstigen Scherbedingungen ein erhöhter Kraftaufwand auftreten. Kurze Wollteile setzen sich schneller in den Messerspitzen fest, was die Schnittleistung mindert. Messer müssen häufiger gewechselt werden, was nicht automatisch bedeutet, dass sie stumpf sind. Dieser Effekt verringert sich, je häufiger ein Messer geschliffen wird. Nach zwei- bis dreimaligem Schleifen erhöht sich die Nutzungsdauer neuer Messer pro Schaf. Je dünner die Messer sind, desto besser ist die Schnittleistung in jeder Art von Wolltyp und unter jeglichen Wollbedingungen. Rasierklingendünne Messer sollten Sie jedoch nicht mehr verwenden, denn sie erhöhen die Gefahr von Handstückblockaden.

3.15.1 Management von Messern

Profischerer haben in der Regel einen Satz von mindestens 50 Messern pro Handstück. Kaufen Sie ein neues Handstück immer mit einem Set neuer Messer, um diese zusammen mit dem Handstück einzufahren. Auf einem gut eingefahrenen Handstück, auf dem dünne Messer gefahren wurden, sollten keine Messer verwendet werden, die dicker sind, als die zuletzt gefahrenen.

Der Grund dafür liegt in der Abnutzung der Drehpunktbüchse, der oberen und unteren Druckbüchse und dem Druckstift. Diese Verschleißteile eines Handstückes sind für das Festhalten und die Druckausübung auf das Messer verantwortlich. Abhängig von der Beanspruchung des Handstückes und den äußeren Schurbedingungen (Sand, Dreck in der Schafwolle) reiben sich die Kontaktstellen der genannten Teile ab. Durch den Verschleiß in der Drehdruckbüchse verändert sich der Winkel, mit dem die Druckgabeln das Messer festhalten. Das ist visuell zwar nicht sichtbar, es beeinflusst die Schnittqualität jedoch spütbar.

Hinweis
Bei der Umstellung eines alten Handstückes von dünnen auf neue dicke Messer kann es zu Veränderungen der Schnittleistung kommen.

Möchten Sie für ein gebrauchtes Handstück neue Messer kaufen, sollten die Teile im Handstück gleichzeitig ausgewechselt werden. Sie werden als *short kit* in bereits zusammengestellter Form im Handel angeboten (siehe auch 3.8.3).

3.16 Sonstiges Zubehör

3.16.1 Mokassins

Mokassin sind eigens zum Scheren entwickelte Schuhe für die Bodenschur. Sie können aus Leder oder Filz sein. Dieses spezielle Schuhwerk soll den Kontakt zum Boden und Schaf verbessern, um sicher und rutschfest am Scherplatz stehen zu können. Durch ihre Elastizität und den geringen Abstand zwischen Fußsohle und Boden entsteht ein Barfußeffekt, der die Körperbalance beim Scheren unterstützt und den Rücken entlastet.

Für das Bankscheren sind Mokassins eher unüblich. Die meisten Bankscherer bevorzugen festes und bequemes Schuhwerk.

3.16.2 Nadel und Faden

Falls ein Schaf so geschnitten wird, dass es genäht werden muss, ist die althergebrachte Methode der Schnittwundenbehandlung mit Nadel und Faden am Gängigsten. Leicht s-förmig geschwungene Nadeln sind einfacher zu handhaben als gerade. Zum Nähen von Schnittwunden gibt es spezielles Garn. Die Fäden müssen weder gezogen noch nachbehandelt werden, sie wachsen aus.

3.16.3 Scherhosen und Scherhemden

Die Bodenschurmethode bringt einen engen und direkten Kontakt zum Schaf mit sich, weil das Schaf vorwiegend mit den Beinen festgehalten wird. Zum Schutz der Beine vor Einschnitten durch das Handstück bzw. Dornen oder Stacheln, die in der Wolle sein können, und zur Minimierung von Stoffabrieb wurden Scherhosen kreiert. Sie sind aus derbem Stoff und mindestens an der Hosenvorderseite doppelwandig.

Scherhemden (engl. *singlet*) sind leichte und armfreie Hemden, die sich bei den Schafscherern als Arbeitsoberbekleidung eindeutig durchgesetzt haben. Sie sind praktisch, engen die Bewegungsfreiheit nicht ein und sind aus verschiedenen Stoffarten hergestellt. So schützen Vlies- oder Wollhemden im Winter vor Kälte und leichte Baumwollhemden eignen sich besonders für den Sommer.

Die Bekleidung der Bankscherer ist eher individuell. Da das Schaf am Bauch des Scherers lehnt, bevorzugen viele Scherer dort eine Extraschicht. Das Tragen von derben Kitteln ist bei den Bankscherern beliebt. Festes, bequemes und im Winter warmes Schuhwerk ist hier ein Muss, weil Bankscherer hauptsächlich an einer Stelle stehen.

Mit Leib und Seele war ich Schafscherer.

Otto Löhr (1925)
Sachsen-Anhalt

Otto Löhr ist Rentner und lebt mit seiner Frau in Eilenstedt in Sachsen-Anhalt.

23 Jahre lang war er als Scherer in der DDR tätig.

Otto Löhr wurde in Eilenstedt als Sohn eines Schäfers geboren. Er erlebte noch, wie Schafe daheim ohne Maschinen geschoren wurden:

„Da kamen dann die Schererfrauen. Die haben mit der Hand geschoren und hatten immer ein Liedchen auf den Lippen. Mit der Klappschere, so nannte sich das Gerät. Das war eben ein Frauenberuf. Die haben im Stall geschlafen, da wurde eine Ecke aufgeschüttet und dann haben die sich ins Stroh gelegt, morgens um fünf ging's wieder an."

Einen Monat vor Ottos Volljährigkeit 1942 wurde er von der deutschen Wehrmacht einberufen und an die französische Front geschickt. Ein Jahr später landete er in Liverpool auf einem Schiff Richtung Amerika, wo er in einem Lager mit 1500–2000 Leuten für zwei Jahre in Kriegsgefangenschaft war. Sie pflückten dort Baumwolle und später arbeitete Otto Löhr in einem Chikagoer Krankenhaus.

„Den Leuten dort ging es gut, die haben die Rinde vom weichen Weißbrot abgeschnitten, zu Weihnachten gab's Pute, und Stollen wurde im Ofen verbrannt. Bei der deutschen Wehrmacht haben wir gehungert."

Den zwei Jahren in Amerika folgten zwei weitere Jahre Kriegsgefangenschaft in England. Dort arbeitete er hauptsächlich in einem Steinbruch. Im Herbst mussten sie wochenlang nach Schottland zum

Kartoffellesen: *„Wenn ich Schottland höre, stellen sich bei mir die Nackenhaare hoch."* Am 4.02.1948, nach fast fünf Jahren Kriegsgefangenschaft, setzte Otto Löhr wieder Fuß auf heimatlichen Boden und stieg in den landwirtschaftlichen Betrieb seines Vaters in Eilenstedt ein. Das, was die Russen ihm gelassen hatten ...

Wie kamen Sie zum Scheren?

Ich habe das mit 38 Jahren angefangen. Habe es 23 Jahre gemacht. 1958 sind wir in die Landwirtschaftliche Produktionsgenossenschaft (LPG) gegangen, bis dahin hatten wir in eigener Regie 250–300 Schafe, dann hat uns der Sozialismus eingeholt und dann mussten wir wohl oder übel. Von 1958–1963 war ich Mitglied der LPG „Walter Ulbricht Eilenstedt", da habe ich als Obstbaubrigadier gearbeitet. Die Schäferstellen waren besetzt und 1963 hatte ich genug vom Sozialismus, vom Kommandieren, da habe ich das Schafescheren angefangen. Das war erst mal nicht so einfach, aus der LPG rauszukommen. Ich habe immer gesagt, das kam einem Attentat auf Walter Ulbricht nahe, wenn man aus der LPG austreten wollte. Als Schafscherer hatte man doch ein bisschen mehr Freiheit, man konnte hingehen, wo man wollte, ich wusste es durch unsere Scherer. Die Grundidee war schon immer im Hinterkopf. Am Anfang habe ich mit meinem Bruder zusammengearbeitet, ich habe vorher nicht geschoren, habe mir aus Gatersleben eine Maschine geholt, da kamen die her. Nachterstedt, Gatersleben, das war so die Hochburg, da gab einer eine ab. Da fing ich in der Umgebung an, wir hatten noch 30 eigene, da habe ich mich dran versucht. Was ich kann und konnte, habe ich mir selbst beigebracht.

Wie bekamen Sie die Aufträge?

Die Leute kamen von allein, so viel Schafscherer gab's ja nicht, und aufgrund dieser Sachlage bin ich aus der LPG rausgekommen, ich ging der Landwirtschaft ja nicht verloren. Das spricht sich ja rum, da sind zwei Brüder in Eilenstedt, und so baute sich ein Kundenstamm auf. Das ging ein Jahr, und dann sind wir in die Genossenschaft. Handelsberufsgenossenschaft 'Goldenes Vlies' nannte sich das, der Sitz war in Eisleben für die ganze DDR, die ganze Organisation der Schafscherer ging von Eisleben aus.

Wir suchten uns unsere Kundschaft selber, wurde nicht befohlen, geht da und da hin, einzig zu den Stammherden, da mussten wir als Brigaden zusammen hin, das waren größere Herden von 2000–2500 Schafen, 12–14 Mann. Das dauerte 3–4 Tage, da wurde jedes einzelne Schaf gewogen, die hatten Nummern im Ohr, die wurde gelesen und das Vlies gewogen, klassifiziert und dann kam es auf einen großen Haufen.

War das Schafescheren ein Ausbildungsberuf?

Wir konnten 'ne Prüfung ablegen, das war 'ne richtige Ausbildung, vier Wochen dauerte das, die Anatomie des Schafes wurde da durchgenommen, damit man wusste, mit wem man es zu tun hat, das war in Biendorf. Man musste praktisch scheren, ein Tag war 'ne Kommission da, es ging um die Qualität, keine Nachschur zu machen, wo man einmal gewesen ist, nicht wieder hin, und wie man mit den Tieren umgegangen ist, und die Qualität der Schur, nicht da Bahnen ziehen. Es war keine Pflicht, nur dass man dieses Dokument und den Titel hatte.

Wie sah so ein Arbeitstag in der DDR aus?

Wir haben von sechs (Uhr) bis sechs geschoren, um sechs angefangen, neun (Uhr) Frühstück 'ne halbe Stunde, von zwölf bis ein Uhr war Mittag und halb vier bis vier Vesper, und dann ging das bis um sechs. Wir haben gut verdient ... auf 100 (Schafe) bin ich nicht gekommen, 70–80 war so das Limit. Bis an die Nasenlöcher Wolle und bis zwischen die Zehen. Den Bock (zeigt Foto), den haben sie immer zu mir gebracht, habe ich vom Lamm, bis er nicht mehr konnte, geschoren und habe 'ne halbe Stunde dran gesessen, Falten vom Hintern bis zu den Hörnern.

... Bei den LPG kamen ja die Privaten (Schafhalter) hin, das wurde extra abgerechnet, das Stück wurde mit 2,5–3 Mark bezahlt. Wir sind Montag weg und Freitag wieder nach Hause.

Wie wurden Sie beherbergt?

Von den LPGs. Was die uns manchmal angeboten haben, das spottet jeder Beschreibung ..., aber da sind wir eben nicht wieder hingefahren, das lag ja in unserer Regie. Aber ansonsten wurden wir akkurat behandelt von den Schäfern, das waren ja meistens privilegierte Schäfer, die mussten für Unterkunft sorgen.

Waren die Maschinen Ihr Eigentum?

Die Maschinen waren unser Eigentum, ich war mit im Vorstand, wir waren der Ansicht, dass wenn es die eigene Maschine ist, dann wird da vorsichtiger mit umgegangen.

Zu Anfang habe ich mit dem schweren Scherkopf angefangen, dann kamen die russischen, die waren ja leicht, und russische Messer und russische Kämme. Die Genossenschaft, die haben das besorgt, die haben auch die Ersatzteile besorgt, waren billig: 3,5 (DDR-Mark) Messer, 7,5 (DDR-Mark) Kämme.

Wir mussten die Spitzen bearbeiten, sonst hätte man da zig Wunden gemacht, ein neuer Kamm, dann hat man gefiddelt, den Grat weg, dann brachen die bei der leisesten Berührung weg, wenn man da mal am

Horn ... Am Zurechtmachen des Kammes lag es, wie spitz der war, wie er in die Wolle ging.

Wurde damals während der Arbeit viel getrunken?

Es wurde schon mal einer getrunken, aber man musste ja voll da sein, 'nen Hieb aus der Pulle und in die Sonne geguckt, Bier, hauptsächlich Bier. Man musste ja trinken, und wenn man Selters oder Brause getrunken hat, lief die Spucke ja gar nicht ab, abends in die Kneipe mit dem Schäfer, der fühlte sich dann bewogen.

Welches Ansehen hatten die Schafscherer in der DDR?

Die haben uns immer geachtet, weil war ja ein rarer Artikel, wer wollte denn diese Arbeit machen, so buffen von sechs bis sechs, die Frauen, die die Wolle abgenommen haben, die haben immer gesagt, wenn alle so arbeiten würden wie wir, wäre die DDR vorne.

Was waren unangenehme Momente als Schafscherer?

Das waren einzelne LPG-en, wo einem die Laus über die Leber gelaufen ist, wo die Schafe schlecht waren, wo Dreck drauf war, Staub oder schlechte Übernachtung.

Welche Stärken muss man haben, um Schafscherer zu werden?

Da muss man mit Leib und Seele dabei sein, sonst wird das nichts, wahrscheinlich ist das in jedem Beruf so. Am Anfang tun einen sämtliche Knochen weh, da weiß man erst mal, was man alles für Knochen hat und nachher ist das Spielerei, das geht eben.

Was mochten Sie als Schafscherer am meisten?

Es hat mir Spaß gemacht, wirklich Spaß gemacht, ich erinnere mich an keinen Morgen, wo ich gedacht habe „Mensch, jetzt musste wieder los.", das kam mir überhaupt nicht in den Sinn, ich habe es gerne gemacht, es hat mir Freude gemacht, jeden Tag woanders, die körperliche Anstrengung war doch nebensächlich, der Schweiß tropfte schon um halb sieben oder um sieben, mit Leib und Seele war ich Schafscherer.

4 Vor der Schur – wie stelle ich das Handstück ein und wo stehe ich richtig?

Die Wahl des Kammes und die korrekte Einstellung von Kamm und Messer am Handstück sind verantwortlich für die Schurleistung. Kamm und Messer müssen gut geschliffen und scharf sein. Die Ausgangsposition des Scherers und des Schafes, der richtige Abstand zum Stangengelenk und Handstück begünstigen den weiteren Scherablauf und schont Kräfte.

4.1 Einstellung von Kamm und Messer

Fixieren Sie den Kamm gerade sitzend zwischen Kammbett und Kammbettschrauben. Kammbett und Schrauben müssen sauber sein, denn grobe Sandkörner können zu Unebenheiten bei der Kammfixierung führen. Die Schneidfläche des Kammes zeigt zur Handstückoberseite.

Das Messer gehört mit seiner Schneidfläche auf die Schneidfläche des Kammes. Schieben Sie es dabei so unter die Druckgabeln des Handstückes, dass die beiden äußeren Druckgabelstifte in die dafür vorgesehenen Löcher des Messers einrasten. Ziehen Sie die Verstellschraube nur leicht an, damit das Messer verschiebbar ist.

Die richtige Positionierung des Messers auf dem Kamm ist für den Schnitt ausschlaggebend. Der Abstand von der Messerspitze zur *scallop*-Unterseite sollte mindestens 2 mm betragen. Gemessen wird am mittleren Kammzahn. In der Fachsprache wird dieser Abstand *lead* genannt. Weiterhin sollte das Messer gleich weit zu beiden Seiten schwingen. Die Spitzen der äußeren Messerzähne müssen zu beiden Seiten Kontakt zum letzten Zahn des Kammes haben.

Verschieben Sie den Kamm vorsichtig, bis diese Einstellung erreicht ist. Bevor Sie die Kammschrauben und das Messer festziehen, überprüfen Sie noch einmal folgende Punkte:

- Sitzt der Kamm gerade im Kammbett?
- Ist der *lead* den Kamm-Verhältnissen angepasst und beträgt er mindestens 2 mm?
- Haben die Messerspitzen Kontakt zu den äußeren Kammzähnen?

Sicherheitshinweis!
Kamm und Messer müssen fest angezogen sein, **bevor** das Handstück gestartet wird.

Nach dem Starten des Handstückes justieren Sie den Messerdruck über die Verstellschraube nach. Bei zu wenig Messerdruck ist kein optimaler Schnitt möglich. Sie merken es das daran, wenn der Kamm an

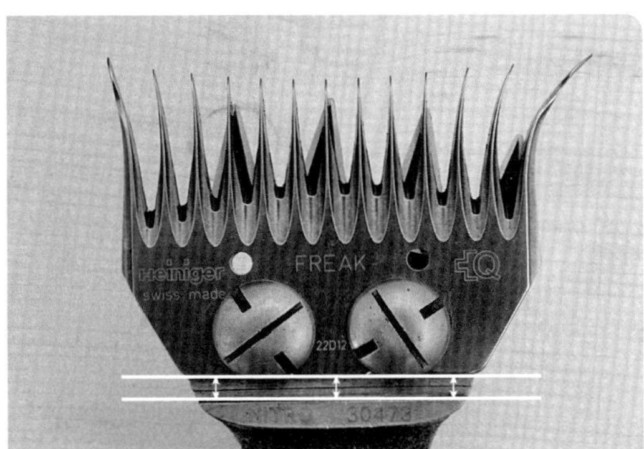

Ein korrekt sitzender Kamm. Er soll gerade im Kammbett sitzen und parallel zum Kammbett-balken.

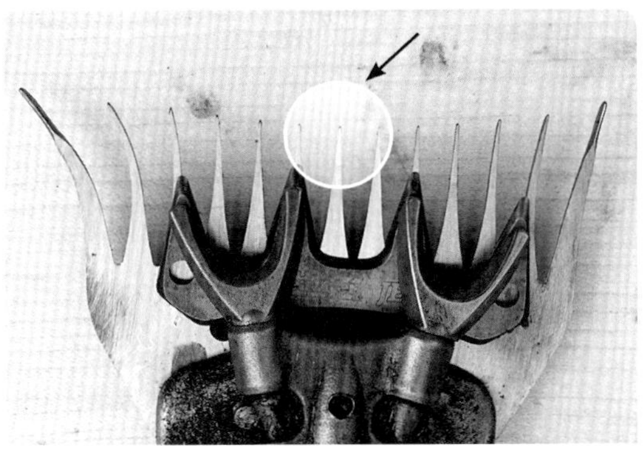

Lassen Sie an einem dünnen Kamm genügend Abstand zwischen Messerspitze und Kammspitze.

der Wolle zieht statt schneidet (das Schaf wird Ihnen ebenfalls Bescheid geben). Bei zu viel Druck wird das Handstück heiß und Kamm und Messer werden danach schnell stumpf.

4.1.1 Messereinstellung bei einem dünnen Kamm

Bei dünnen Kämmen, an denen nur noch vage eine runde Spitze vom *scallop* zu erkennen ist, muss der Abstand zwischen Messerspitze und Kammspitze mindestens 5 mm betragen. Als Hilfestellung denken Sie sich einfach die volle *scallop* eines neuen Kammes und danach richten Sie das Messer aus. Steht ein Messer zu weit vorn an der Spitze eines dünnen Kammes, ist der Druck auf die Kammspitzen gerichtet und unter dem Messer vergrößert sich die Fläche, die keinen Kontakt zur Kammplatte hat. Die Kammzähne vibrieren dann leichter. Eine rückwärtige Einstellung des Messers vermindert diese Vibration.

Hinweis

Ob dicker oder dünner Kamm, die *lead*-Einstellung sollte immer ungefähr an der Stelle sein, wie die an einem neuen Kamm.

- Viel *lead* für Schafe mit voller Wolle und Feinwollschafe.
- Mindestens 2 mm *lead* auch an dicken Kämmen.
- Ein dünner Kamm braucht viel *lead*.

4.2 Welcher Kamm für welche Wolle?

Den Kamm in Abhängigkeit des Wollzustandes auszuwählen kann die Schurarbeit entscheidend vereinfachen und führt zu besseren Schurresultaten. Im Folgenden ein paar Vorschläge.

4.2.1 Was kann eine Schur erschweren?

Die Schur von Mutterschafen kann (muss aber nicht), nach der Ablammung, anstrengender sein. Bedingt durch die Stoffwechselumstellung lakierender Schafe fühlt sich die Wollschicht am Schafkörper manchmal klebrig an. Dementsprechend lässt sich das Handstück schwerer durch die Wolle schieben. Ähnlich ist die Wollbeschaffenheit, wenn Schafe kalten Umgebungstemperaturen ausgesetzt sind. Das Lanolin (Wollfett) ist in einem festerem Zustand. Wird es wärmer oder stellt man die Schafe eng, erhöht sich die Umgebungstemperatur der Schafe, das Lanolin erwärmt und verflüssigt sich, und das Handstück gleitet einfacher durch die Wolle. Für Schafe, die im Sommer draußen geschoren werden, ergibt sich an warmen, windigen Tagen ein gegenteiliger Effekt – das Lanolin trocknet aus und erschwert die Schur.

Im Frühjahr „wächst die Wolle ab". Ein noch aus Urzeiten stammender Einfluss des Winter-/Sommerfellwechsel ist nicht damit zu verwechseln, dass die Wolle von allein abwächst und abfällt.

Was geschieht da? Die dichte Wollschicht, die im Winter zum Schutz gegen Kälte eng an der Hautoberfläche anliegt, hebt sich im Zuge des Wollwachstums von der Haut ab. Es entsteht eine lockere Wollschicht über der Haut, die einfacher mit der Schermaschine zu durchschneiden ist. Vor allem an Schafen (nicht nur Landrassen), die im Winter draußen gehalten und im zeitigen Frühjahr vor dem „Wolleschieben" geschoren werden, können Sie das gut beobachten und fühlen.

Heidschnucken, Haarwollrassen und Winterkoppelschafe scheren Sie besser erst nach ein paar warmen Frühlingstagen.

4.2.2 Welche Kämme sind an Schafen mit dichter und gelber Wolle sinnvoll?

Gut eingefahrene Kämme oder Kämme mit ausgedünnter Spitze und Kämme mit punktierter Spitze eignen sich für den leichteren Eintritt in diese Wolle.

Vorsicht!
An mageren oder knochigen Schafen empfiehlt es sich nicht, „scharfe Kämme" wie Merinokämme oder generell dünne Kämme ohne *scallop* zu benutzen.

4.2.3 Schafe mit „offener Wolle" und „offene Schafe"

In der Praxis begegnen Ihnen zwei Ausdrücke, die zu unterscheiden sind. Zum einen gibt es Schafe mit „offener Wolle". Diese haben ein gleichmäßig gewachsenes, lockeres Wollvlies, ohne verklebte, verkrustete oder verschmutzte Stellen an Haut, Kopf, Beinrundungen oder Bauch. Der Eintritt in die Wolle und der Scherfluss ist ohne größeren Widerstand möglich. Zum anderen gibt es „offene Schafe". Diese Schafe haben wenig Wolle um Beine und Kopf und nicht selten auch einen wollfreien Bauch.

4.2.4 Welche Kämme eignen sich für offene Wolle?

An diesen Schafen kann jeder Kamm benutzt werden. Für einen geschmeidigen Scherfluss empfiehlt sich ein „runder" Kamm (*short Bevel*) mit großzügiger *lead*-Einstellung (3–7 mm).

4.2.5 Kann man einen punktierten oder Merinokamm an Nichtmerino-Schafen benutzen?

Prinzipiell ja. Sie neigen allerdings dazu, sich in Unebenheiten der Haut (Haut-, Fettfalten) leichter zu verhaken, anstatt geschmeidig drüberzurollen wie bei runderen Spitzen.

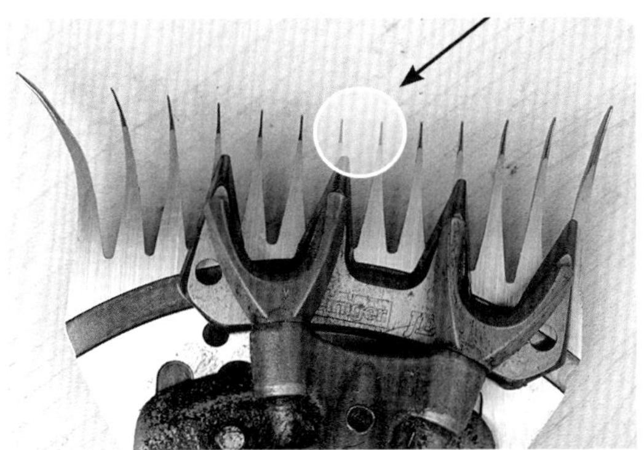

Diese *lead*-Einstellung sollte ein Kamm mindestens haben, wenn Sie Schafe mit offener Wolle scheren.

Vergleichbar ist das mit einem Laubbesen. Die metallenen Zähne eines Laubbesens sind eckig und scharf und gleiten rau durch den Rasen. Je nach Druckausübung werden Moos, Flechten und Grasteile regelrecht aus der Grasnarbe herausgekratzt. Ein hölzerner Heurechen mit dicken runden Enden gleitet dagegen viel leichter über den Rasen und verhakt sich nicht in Grasbüscheln oder Moosen.

Je punktierter ein Kamm an den Spitzen ist, umso flacher muss das Handstück geschoben werden.

Merino
Mit Merinos sind hier nicht die deutschen Merinos gemeint, sondern Feinwollmerinos, die tatsächlich zur Wollproduktion gehalten werden. Sie besitzen zahlreiche Haut- und Halsfalten und sind gewichtsmäßig leichter als die deutschen Merinos.

4.2.6 Ist ein dünner Kamm in offener Wolle von Vorteil?

Nein, denn in offener Wolle eignen sich nahezu alle dickeren Kämme. Wer eine kleine Kammsammlung mit mehreren Kämmen hat, sollte sich gut eingefahrene Kämme für erschwerte Scherbedingungen aufheben (kalte Schafe am Morgen, frisch abgelammte Muttern, sandige Schafe etc.). Schafe mit offener Wolle bieten Gelegenheit, neue Kämme einzufahren, ohne den Scherfluss zu erschweren. Dickere Kämme sorgen für eine unbeschwerte Schur und geschmeidigen Scherfluss. Sie müssen weniger achtgeben, das Schaf nicht zu verletzen. Der Gebrauch von dünnen Kämmen erfordert eine vorsichtige und flache Hand. Stich-, Kratz- und Schnittverletzungen passieren dann auch bei Schafen mit offener Wolle eher.

4.2.7 Welche Kämme eignen sich für eine Lammschur?

Für Lämmer mit offener Wolle kann jeder dicke Kamm (auch) genommen werden. Kämme mit breiter Arbeitsbreite bringen keine Pluspunkte, wenn Sie sauber geschorene Lämmer unter Vermeidung von *second cuts* scheren wollen.

Ist die Lammwolle sehr flauschig und weich, gleitet ein dicker und runder Kamm regelrecht über eng anliegende Wollpartien hinweg, ohne die Wolle zu erfassen. Ausgedünnte oder gut eingefahrene Kämme eignen sich in solchen Fällen besser für den Eintritt und das Fassen der Lammwolle.

Für Lämmer mit gelber Wolle eignen sich gut eingefahrene Kämme mit geringer Arbeitsbreite.

Lämmer reagieren schneller auf stumpfes Material und lassen es den Scherer dann auch wissen. Wechseln Sie Messer und Kämme an Lämmern häufiger als sonst.

4.2.8 Welche Kämme eignen sich für eine Bockschur?

Zur Bockschur kann jeder Kamm benutzt werden, denn meistens sind Böcke die am besten zu scherenden Tiere der Herde. Böcke können allerdings unberechenbar sein und ein Kamm geht dann schnell zu Bruch. Darum wählen Sie zur Schur von Böcken nicht unbedingt Ihren neuesten und besten Kamm.

4.2.9 Welche Kämme eignen sich für die Landrassenschur?

Bei Landrassen, die von Natur aus nicht rund sind wie Fleischschafe, und deren haariges Vlies klebrig, aber auch lose sein kann, gestaltet sich die Kammauswahl manchmal schwierig.

- Für Landrassen mit losem, lockerem Vlies, können Sie problemlos einen runden und dickeren Kamm benutzen.
- Für Schafe mit klebriger Wolle nehmen Sie besser einen eingefahrenen Kamm mit 2–3 mm *scallop*.
- Magere Tiere werden mit dünnen Kämmen sehr schnell an herausragenden Knochen geschnitten. Seien Sie vorsichtig beim Gebrauch von dünnen Kämmen.

4.3 Welche Kämme eignen sich für Schurarbeiten in Deutschland?

In Deutschland werden vorwiegend folgende Kämme benutzt:

3–4 mm short-Beve-Kämme

Firma Heiniger
- Charger
- Supercharger
- Quantum
- Calibre

Firma Supershear
- Mustang
- Colt
- Cheetah

Messer verschiedener Firmen

Heiniger
- Jet
- Edge
- Diamond
- Xtreme
- Storm

Supershear
- AAA
- Quattro
- Arrow
- Sabre
- CEM
- Bullet

Beiyuan
- Beiyan

ACE
- ACE

Die folgende Zusammenfassung gilt für alle Wolltypen:

Dicke Kämme (full-tickness und eingefahrene dickere Kämme)
- große Schafe
- runde Schafe
- Schafe mit offener Wolle
- Schafe mit langer Wolle
- Schafe mit überjähriger Wolle
- Lämmer mit offener Wolle
- Böcke
- magere Schafe

Eingefahrene Kämme 2–4 mm (scallop)
- „kalte“ Schafe am Morgen
- „ausgetrocknete“ Schafe am Nachmittag
- Muttern, die gerade gelammt haben
- Schafe, deren Wolle noch nicht abgewachsen ist
- Schafe mit kurzer Wolle
- Landrassen
- Lämmer mit sehr flauschiger Lammwolle
- Lämmer der Landrassen
- Schafe mit hohem Anteil an Heu- und Pflanzenteilen
- Schafe mit Ektoparasitenbefall
- Böcke

Dünne Kämme 1–2 mm (scallop)
- Schafe mit starkem Lausbefall (vorwiegend Feinwollschafe)
- Schafe mit Räudebefall
- Schafe mit extremem Sand- oder Dreckanteil in der Wolle
- Lämmer mit krustig gelber Wolle

4.4 Die Schurausgangsposition bei der Bodenschur

Bei der Bodenschur sind Position und Fußarbeit wesentliche Faktoren für eine gute Technik und für eine effektivere Schur. Nur wer sein Schaf in einer bequemen Position hat, kann Züge optimal ansetzen und ausführen. Im Grunde bewegen Sie sich nicht nur um das Schaf herum, sondern auch um das Stangengelenk.

Während der Schur soll sich die Stange nur minimal bewegen, dann befinden Sie sich im optimalen Scherbereich zur Stange. Sobald Sie außer Position geraten, müssen Sie das Stangengelenk schräg ziehen oder drücken. Eine messbare Kraft wirkt auf das Stangengelenk, die es mit Muskelkraft zu überwinden gilt. Das kann bis zu über einem Kilogramm an Gewicht ausmachen. Das Ellenbogengelenk des Stangengelenkes kann dabei so stark schwingen, dass es Ihnen vor den Kopf schlägt. Außerdem erschweren diese Schwingungen, das

Rechenbeispiel Armkraft

Nehmen wir an, Sie scheren 100 Schafe am Tag, alle in inkorrekter Position. 35 von 50 Zügen pro Schaf arbeiten sie „gegen“ das Stangengelenk, ziehen oder drücken es. Bei jedem Drücken oder Ziehen des Stangengelenkes arbeiten Sie gegen 1 kg Gewicht. Das macht 35 kg zusätzlich pro Schaf und 3500 kg Extragewicht (3,5 t) zu Ihren 100 Schafe, die Sie am Tag neben allen anderen Anstrengungen stemmen!

Handstück ruhig zu halten und gezielt für den nächsten Zug anzusetzen. Die natürliche Schubkraft des Stangengelenkes, die genutzt werden kann, um Kräfte zu sparen, geht dadurch verloren.

Konzentrieren Sie sich bewusst darauf, **„zum Stangengelenk zu scheren“**, was nichts anderes bedeutet, als nahe an der Stange zu bleiben.

4.4.1 Woher weiß ich, wo die richtige Scherposition ist?

Für Anfänger eignet sich als Orientierungshilfe eine Kennzeichnung direkt auf der Scherplatte. Fortgeschrittene Scherer orientieren sich am Stangengelenk. „Alte Hasen“ haben es einfach im Gefühl, in welcher Position das Schaf zu sitzen hat.

4.4.2 Orientierung am Stangengelenk und Handstück

Dazu muss das Stangengelenk senkrecht hängen und das kurze Stangengelenkstück mit dem Handstück etwa in einem 45°-Winkel nach vorn gerichtet liegen. Das Handstück ist leicht nach außen gelegt. Die Stange „organisiert“ sich fast von selbst, wenn sie gerade herunterhängt. Malen oder kratzen Sie eine Markierung, dort, wo das Handstück liegt. Das Schaf soll in sitzender Position mit dem Hüftgelenk des rechten Hinterbeines auf Höhe des Handstückhinterteils und direkt neben dem Handstück sitzen.

Legen Sie zwischen jedem Schafwechsel das Handstück genau dort ab und richten Sie das Schaf wie beschrieben nach dem korrekt liegenden Handstück aus.

Markierung der richtigen Scherposition auf der Scherplatte.
Der optimale Abstand zum Stangengelenk kann einfach ermittelt und auf der Scherplatte dauerhaft gekennzeichnet werden:

- Das Stangengelenk muss genau senkrecht herabhängen!
- Drehen Sie den unteren kurzen Teil des Stangengelenkes im 90°-Winkel zum Scherplatz.
- Heben Sie das kurze Stangengelenkstück an, stecken Sie das Handstück darauf und lassen Sie es senkrecht herunterhängen.
- Kennzeichnen Sie die Stelle, auf die das Handstück auf das Scherbord zeigt.
- Dort soll das Schaf mit seinem Hinterteil sitzen und während der Schur zentriert sein.

Du bekommst für das bezahlt, was du leistest.

Simon Bradfield (1982)
Owaka/Neuseeland

Der Neuseeländer und Vollzeit-Scherer Simon Bradfield ist ein Vorzeigebeispiel, dass man als Schafscherer um die ganze Welt reisen kann: Neuseeland, Australien, Europa, Amerika. Seit Neuestem schert er auch Schafe in den Vereinten Arabischen Emiraten. „Shearing is part of our family. " (Scheren ist Teil unserer Familie.)

Simon sagt von sich selbst: Er genießt das, was er macht. Um über Jahre hinweg (wir sprechen nicht nur von 2 bis 3 Jahren) das zu genießen, was er macht, bedarf es einer ehrlichen Hingabe, einer besonderen Leidenschaft für das Schafescheren und das Wanderleben, aber auch Verzicht.

Er kommt aus einem Land, in dem es weitaus mehr Schafe als Einwohner gibt. Die Farmen seiner Eltern, seines Bruders und Cousins kommen zusammen allein schon auf über 10.000 Schafe. Jedes männliche Familienmitglied väterlicherseits kann Schafe scheren. Mit 18 Jahren kam Simon mit seinem Onkel Roger zum ersten Mal nach Deutschland, der dort seit mehreren Jahren regelmäßig im Sommer schor. Was mit einer Einladung von deutschen Bekannten, „nur mal ein paar Schafe scheren" anfing, entwickelte sich über die Jahre hinweg zu mehreren Wochen durchgehender Arbeit für die Familie aus Neuseeland.

Aufgewachsen auf einer Farm, wurde Simon schon in frühem Alter zu Arbeiten rund um das Scheren herangezogen: Wolle sortieren, Wolle pressen und später scheren. Nach Beendigung der Schule arbeitete Simon auf verschiedenen Farmen um seinen Heimatort Owaka. Mit 18 Jahren begann er, hauptberuflich zu scheren. Zu dem

Zeitpunkt war er bereits in der Lage, 200–300 Schafe in acht Stunden zu scheren.

Sein erster richtiger Job als Scherer war die Winterschersaison (Juli, August, September, Oktober) in Central Otago, zwei Stunden von Owaka entfernt. Peter Lyon Shearing war damals und ist heute noch der größte *shearing contractor* (Schafscher-Unternehmer) auf der Südinsel. Seine Leute scheren über 3 Millionen Schafe, die meisten davon Merinos. Anschließend ging Simon auf die Nordinsel, um dort für McIntosh in Taihape zu arbeiten, dem größten *shearing contractor* auf der Nordinsel. Im Frühjahr 2001 kam er zum ersten Mal nach Deutschland. Diese Tour wiederholte er noch einmal und erweiterte sie im darauffolgenden Jahr um Amerika. Mit 22 Jahren schor er in Idaho, Utah, Nevada und ein paar Jahre später in Wyoming. Seitdem war Simon kontinuierlich „*on the road*", unterwegs um die ganze Welt. Sieben Schersaisons verbrachte er in Australien, meistens gefolgt von einem Abstecher nach Hause zu Weihnachten und zur Hauptschersaison in Neuseeland, bevor seine Schersaison in Deutschland begann. Von dort aus ging er mehrere Male zum Scheren nach Spanien, Südtirol, Schweiz, Österreich und einmal nach Norwegen. Heute ist Simon *shearing contractor* (Schafscher-Unternehmer) in seinem Heimatort Owaka in Neuseeland.

Was genießt du als Schafscherer am meisten?

... den Gebrauch von Händen und Körper.
... die körperliche Seite.
... du bekommst das bezahlt, was du leistest.
... den Lebensstil.
... viel sehen.
... gute Arbeit.
... wenn über die Zeit ein freundschaftliches Verhältnis zum Kunden entsteht.

Was gefällt dir als Schafscherer nicht?

... du bist als Umherreisender nirgends wirklich Teil einer Gemeinde/Gemeinschaft.
... man lebt zwischen verschiedenen Welten.

Was macht aus deiner Sicht einen guten Schafscherer aus?

... er muss eine gute Einstellung dazu haben.
... er muss gewillt sein, hart arbeiten zu wollen und gute und saubere Arbeit zu liefern.
... er muss auch ein bisschen wettbewerbsfähig sein.
... die Leidenschaft für das Scheren.

Was sind besonders schöne Momente als Schafscherer?

... es gibt kaum einen bestimmten Moment, es ist immer die Gesamtheit.
... wenn eine Saison in Australien gut war, wenn die Leute und die Arbeit passten.
... landschaftlich reizvolle Gegenden.

5 Die Bodenschur – wo fange ich an und wo höre ich auf

So schonend als möglich und so anstrengend wie nötig. Hier soll die Bodenschurtechnik nach dem Bowen-Stil erklärt werden. Die Zugführung ist zahlenmäßig genau festgelegt. Körperposition und Fußstellung wurden und werden immer wieder neu analysiert und optimiert, um noch effizienter und schonender zu arbeiten.

Ausgehend von diesem „Standardschaf"-Schema, stellen Sie sich beim Scheren trotzdem flexibel auf jedes Schaf neu ein. Rassebedingte Unterschiede in Körperform, Wollart oder Größe der Schafe erfordern geringfügige Angleichungen.

Das Ziel der Schur ist ein gleichmäßiges Schurbild über den ganzen Schafkörper hinweg. Für eine höchstmögliche Ausbeute an Wolle sollten **second cuts** *(kurze Wollfuseln) vermieden und die Ernte eines zusammenhängenden Vlieses angestrebt werden. Minimale Schnittverletzungen und wenig Stress für die Tiere runden eine gute Arbeit ab. Wer im internationalen Feld der Schafscherer mitmischen oder gar in fremden Ländern scheren möchte, kommt um die Bodenschurtechnik nicht herum.*

5.1 Scherbereiche

Das Schaf wird in Scherbereiche unterteilt, die der äußeren Anatomie des Schafes folgen. So weiß jeder Scherer genau, um welche Stelle es sich handelt, wenn von „langen Zügen" oder „erster Keule" gesprochen wird. Sie gelten für die Bodenschur und Bankschur, auch wenn sie bei der Bankschur in einer anderen Abfolge geschoren werden.

Mit der modernen Bodenschur nach Bowen kommen erweiternde Begriffe wie die „*undermine*" hinzu, um gewisse Züge treffgenau zu bezeichnen.

Anmerkung
Die folgenden Vorgaben der Zuganzahl ist ein Richtmaß und **kein** Gesetz.
Passen Sie die Abfolge der Züge den Schafrassen entsprechend an, die Sie scheren.

5.2 Zugführung

Im Folgenden werden die Scherbereiche einleitend zu der Zugabfolge für die Bodenschur beschrieben. Sie gelten für Rechtshänder und sind aus der Schererposition zum Schaf hinuntergerichtet gemeint. Für Linkshänder erfolgen die Seitenangaben genau andersherum. Der Bewegungsablauf, die Positionen des Schafes und des Scherers können sowohl für die Bodenschur mit der Maschine als auch für die mit der Handschere benutzt werden. Die Zugfolge für *Blades* verläuft nach ähnlichem Schema mit einigen zusätzlichen Zügen, weil die Arbeitsbreite der Handschere geringer ist.

5.2.1 Der Bauch

Der Bauch ist die zentrale Drehstelle, um die drumherum geschoren wird. Ein sauber und effektiv geschorener Bauch erleichtert die Schurarbeit an allen restlichen Körperteilen und sorgt für eine schnelle Weiterschur, ohne häufig nacharbeiten zu müssen. Er ist ein sensibles Körperteil und für Schafscherer anspruchsvoll. Am Bauch befinden sich die Blutgefäße, die zum Euter führen. Sie liegen bei vielen Schafrassen (z. B. Milchschafrassen) stark nach außen gewölbt in der Mitte des Bauches. Seien Sie äußerst vorsichtig, um diese nicht zu verletzen.

Bei männlichen Tieren befindet sich in der Mitte des Bauches der Urinschlauch und bei weiblichen am unteren Ende die Zitzen bzw. das Euter, die ebenfalls mit besonderer Vorsicht zu umscheren sind.

Um den Bauch gut und zügig scheren zu können, bedarf es etwas Übung und Routine. Anfänger neigen dazu, die Bauchwolle stückchenweise und vorsichtig „abzuscheffeln“. Das Vertrauen für lange Züge am Bauch kommt mit der Zeit, je mehr Schafe Sie scheren.

Anmerkung
= bedeutet Fußarbeit
> bedeutet Scherzüge

= Füße parallel.
= Vermeiden Sie ein zusammengesacktes Schaf.
> Beginnen Sie seitlich am linken Brustbein und ziehen Sie den Zug bis zwischen Flanke und linker Zitze.
> Beginnen Sie in der Mitte des Brustbeines und ziehen Sie gerade herunter.

Vorsicht!
Scheren Sie niemals über die Zitzen hinweg!
Bei männlichen Tieren: Scheren Sie nie von oben über den Schlauch hinweg, sondern immer seitlich.

> Beginnen Sie am rechten Brustbein für die rechte Bauchseite.
> Säubern Sie die Restwolle an der rechten Bauchunterseite.

Vorsicht!
Die Spannhaut an der Beinbeuge kann leicht mit dem äußeren Zahn des Kammes verletzt werden.

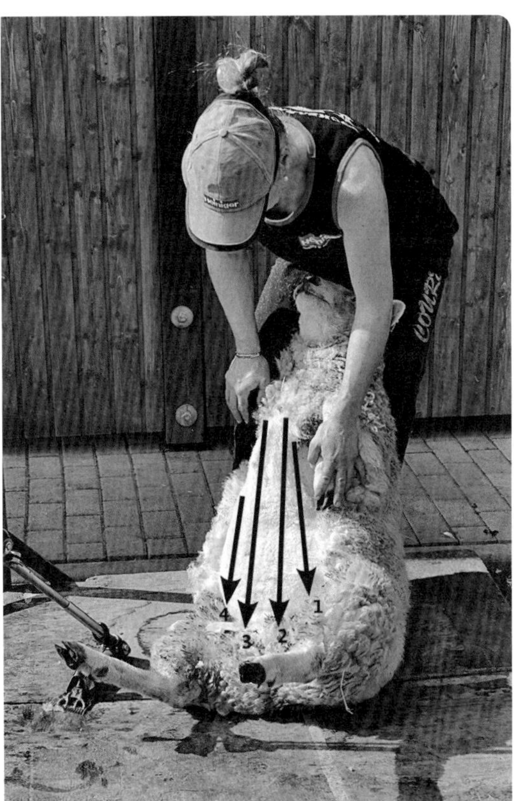

Bauch: 4 Züge. Setzen Sie die Züge so hoch wie möglich am Brustbein an.

Crutch: 4 Züge. Schieben Sie das Handstück vorsichtig um die Beine.

Erstes (linkes) Hinterbein: 4 Züge.

5.2.2 Der crutch

Crutch ist der englische Begriff für die Innenflächen der Schafhinterbeine. Die Tätigkeit „*crutching*" ist gleichzusetzen mit der in Deutschland als „Ausscheren" bezeichneten Tätigkeit. Das ist die Schur an den Innenflächen der Hinterbeine, dem Schwanzansatz um After, Scheide/Harnröhre und der des Schwanzes, wenn vorhanden. Besondere Vorsicht gilt dem Sehnenbereich der Beine. Scheren Sie deshalb immer seitlich auf den breiten Oberflächen der Beine und nie direkt von oben oder von unten in den Sehnenbereich hinein. Seien Sie besonders vorsichtig um Zitzen, Scheide und Schwanzansatz. Dieser Bereich kann schwierig und aufwendig sein, wenn Schafe durch Kot stark verschmutzt sind. Die Haut wird durch das Gewicht gespannt und dadurch leichter eingeschnitten. Trockener Kot kann eng an der Haut anliegen und muss ebenfalls vorsichtig entfernt werden.

= Beide Füße rücken etwas vorwärts.
> An stark bewollten Schafen empfiehlt sich ein seitlich ausfahrender Zug am rechten Innenbein.
> Der hereinkommende Zug geht innen am rechten Bein zwischen Zitze und Scheide vorbei und am linken Innenbein wieder heraus.

Vorsicht!
Decken Sie mit Ihrer freien Hand die Zitzen ab.

> Ausfahrender Zug linke obere Beinseite.
> Ggf. ausfahrender Zug an der äußeren linken Beinseite.

5.2.3 Erstes Bein und Keule

Beim ersten Hinterbein handelt es sich um das linke Hinterbein und die Keule. Vorsicht an den Sehnenbereichen der Hinterbeine.

Je sauberer die Beine in dieser Position geschoren werden, umso zügiger scheren Sie auf der letzten Seite.

= Drehen Sie das rechte Bein, Knie und Fuß drehen sich mit der Fußspitze nach innen zum Schaf.
= Das linke Bein schwingt außen leicht zurück, ohne den Kontakt zum Schaf zu verlieren und platziert sich an der Wirbelsäule.
= Das Schaf soll hoch sitzen und am äußeren Bein lehnen.
> Kurzer Zug zur Flanke auf der Beinoberseite.
> Der nächste Zug geht um das Hinterteil hinunter in Richtung Wirbelsäule. Beginnen Sie auf der äußeren Beinflachseite, beenden Sie eine Zugbreite über der Wirbelsäule.
> Ziehen Sie einen weiteren Zug um das Hinterteil hinunter in Richtung Wirbelsäule. Beginnen Sie nun unterhalb des Beines, beenden Sie eine Zugbreite über der Wirbelsäule.
> Kurzer Zug unterhalb der Scheide.

5.2.4 Die undermine

Die *undermine* sind zwei genau festgelegte Züge. Sie liegen auf der Kruppe und dem Rücken des Schafes, wobei der erste Zug über der Wirbelsäule und der zweite Zug unter der Wirbelsäule entlanglaufen. Eine sorgfältig geschorene Keule und *undermine* beeinflusst die Zuganzahl an den langen Zügen und der letzten Seite.

= Rechtes Bein etwas zurückziehen.
= Linkes Bein kommt etwas vor.
> Erster Zug liegt über der Wirbelsäule. Beginnen Sie flach auf der Schwanzwurzel.
> Zweiter Zug liegt unter der Wirbelsäule. Beginnen Sie flach unter der Schwanzwurzel.

Undermine: 2 Züge parallel zur Wirbelsäule.

5.2.5 Der Kopf

Vorsicht im Augenbereich und bei den Ohren.

= Noch in der Position der *undermine*.
> Scheren Sie die Stirnvorderseite und ggf. zwischen den Ohren.

Kopfoberseite: 1–2 Züge.

Topside-Neck: Der erste Halszug liegt auf der oben liegenden Halsseite.

Wangenzug und ein kurzer Zug darunter (optional).

5.2.6 Der Hals

Schertechnisch ist dieser Bereich sehr anspruchsvoll. Es gibt keine großen und flachen Oberflächen, an denen der Kamm breit angesetzt werden könnte. Der Kamm schneidet an abfallenden Halsrundungen in die Wolle hinein, wodurch *second cuts* (kurze Wollfusseln) entstehen. Die ungeschorenen Kopfpartien und die linke Wange werden in dem Zusammenhang mitgeschoren.

= Schieben Sie Ihr linkes Bein eine Schrittbreite gerade nach vorn.
= Der rechte Fuß tritt zwischen die Hinterbeine des Schafes.
= Stehen Sie im rechten Winkel zur Scherstange.
= Das Schaf soll aufrecht sitzen, ohne dass Sie es festhalten müssen.
> Erster Zug geht am Hals hoch bis unters Kinn. Beginnen Sie an der Oberseite der Brustknochenseite.
> Öffnen Sie die Wolle.
> Scheren Sie die erste Wangenseite frei, gefolgt von einem kurzen Zug an der oberen Halsseite.
= Versetzen Sie Ihre Füße nicht.

Vorsicht!
Vermeiden Sie Ohrschnitte, indem Sie den Kamm nicht von der Haut abheben!

- Scheren Sie aufwärts an der anderen Halsseite. Beginnen Sie flach neben der Brustknochenseite und rollen Sie das Handstück flach entlang der Halsrundungen. Scheren Sie bis zum Ohr und um den Hinterkopf.
- Drücken Sie mit Ihrem linken Knie die Schulter des Schafes nach außen und bringen Sie es stückchenweise in eine liegende Position.

Zug 20 geht bis an die Ohrunterseite und Zug 21 breit über den Hinterkopf.

5.2.7 Die erste Schulter

Hier wird seitlich an der linken Halsseite herunter um das linke Schulterblatt bis zum linken Vorderbein geschoren. Das Schaf wird hierzu in eine liegende Position gedreht.

- Rechte Ferse dreht nach außen. Linkes Bein ein kleines Stück zurück.
- Beginnen Sie den nächsten Halszug auf dem Schulterknochen.
- Rollen Sie das Handstück, flach auf der Haut bleibend, an der Halshinterseite bis zum Ohr.
- Säubern Sie über den Ohren mit einem kurzen Nachzug, wenn nötig.
- Lehnen Sie auf dem linken Bein.
- Halten Sie das Schaf in hoher Position.
- Vom Vorderbein beginnend, scheren Sie tief zur Wirbelsäule hin.
- Scheren Sie unter dem Bein sauber und mit breitem Kamm zur Wirbelsäule.
- Ein Zug hinter dem Vorderbein Richtung Wirbelsäule ist optional.

Erste Schulter: 3–4 Züge. Mit dem letzten Schulterzug, soll das Schaf flach auf dem Rücken liegen.

Lange Züge: 4–5. Bevor Sie Zug 28 beenden, schwingen Sie Ihr rechtes Bein über das Schaf.

5.2.8 Die langen Züge

Wie der Name schon sagt, sind das die längsten Züge, die am Schafkörper möglich sind. Über den linken Bauchbereich wird entlang der Wirbelsäule und über die andere Seite der Wirbelsäule hinaus immer Richtung Kopf geschoren.

Je mehr Wolle in dieser Position auf der anderen Wirbelsäulenseite entfernt werden kann, umso einfacher und schneller ist die letzte Seite zu scheren. In der Fachsprache spricht man hier vom Scheren einer „tiefen Schulter“.

Tipp!
Schafe mit weicher, loser Haut werden in dieser Position schnell geschnitten:
Fügen Sie einen großen Zug vom Bauch kommend quer über den Bauch Richtung Wirbelsäule ein, dann erst beginnen Sie mit den langen Zügen horizontal.

Versuchen Sie mit Zug 30 eine „tiefe Schulter“ zu scheren.

= Linker Fuß muss im im 90°-Winkel zum Rücken des Schafes und unter der Schafschulter platziert sein.
= Drehen Sie den Fuß nicht raus!
> Ziehen Sie zwei Züge über die linke Bauchseite.
> Ein Zug geht entlang der Wirbelsäule bis zum Halsende.
> Schwingen Sie Ihren rechten Fuß über den Schafkörper und platzieren Sie ihn hinter der Wirbelsäule auf Höhe Hinterteil des Schafes.
> Scheren Sie einen breiten Zug hinter der Wirbelsäule bis an die Ohren.
= Rollen Sie das Schaf zu Ihrem Knie.
> Versuchen Sie einen weiteren Zug in Richtung Schulter zu scheren (tiefe Schulter).
= Ihr rechtes Bein tritt dabei vor (Höhe Widerrist).

5.2.9 Der Kopf

> Klappen Sie das Ohr zur Seite und scheren Sie die zweite Wange frei und ggf. die Restwolle am Kopf.

Kopf: 1–2 Züge

5.2.10 Die zweite Schulter

Haben Sie eine „tiefe Schulter“ erfolgreich geschoren, verbleibt an der rechten Halsseite kaum Wolle, nachdem der Wangenbereich am Kopf auf dieser Seite geschoren wurde. Dann können die Züge direkt im Schulterbereich begonnen werden und Sie sparen dadurch ein bis zwei Züge am Hals hinunter. Mit dem rechten Schulterbereich wird das rechte Vorderbein geschoren.

Zweite Schulter: 3–4 Züge

> Nach unten gerichteter Zug am Hals entlang.
> Entlassen Sie die Vorderbeine.
= Klemmen Sie den Kopf des Schafes hoch zwischen Ihre Oberschenkel oder dahinter.
> Scheren Sie breit um den Schulterknochen. Beginnen Sie seitlich flach an der Schulter und scheren Sie mit tiefem Handstückende.

> Scheren Sie die Vorderbein-Oberfläche frei. Beginnen Sie seitlich an der Schulter.
> Wenn nötig, säubern Sie mit kurzem Zug die Beinoberseite.
= Ihr linkes Bein schwingt über die Hinterbeine. Klemmen Sie Ihren Fuß unter das Hinterteil des Schafes.
> Säubern Sie die Beinunterseite.

Beginnen Sie mit vollem Zug und fahren Sie breit auf der Beinoberfläche breit aus.

Letzte Seite: 5–6 Züge.

Bringen Sie das Schaf langsam in eine flachere Position, um die letzten Züge bequem scheren zu können. Halten Sie die Knie fest zusammengedrückt und den Kopf des Schafes hoch, damit es nicht wegrutscht.

5.2.11 Die letzte Seite

Die letzte Seite führt über den rechten Bauchteil, zur rechten Keule hinaus zum rechten Hinterbein. Die Neuseeländer sagen: An der letzten Seite verdienst du dein Geld. Hier kommt zum Tragen, was Sie mit einem gut geschorenen Bauch, *undermine* und tiefer Schulter versucht haben, gut vorzubereiten. Für die meisten Scherer ist die letzte Seite wegen der stark vorgebeugten Haltung eine unbequeme Scherposition und wird noch ungemütlicher, wenn das Schaf zappelt oder wegrutscht. Das heißt, je kürzer man in dieser Position verharren muss, desto besser.

> Gerade heruntergerichtete Züge bis zur Flanke.
> Ziehen Sie den Zug gerade am Rücken runter und rollen Sie das Handstück auf der Beinoberfläche aus.
> Scheren Sie den Zug bis oberhalb der Schwanzwurzel.
> Säubernder Endzug, wenn nötig.
= Währenddessen rutschen Sie mit Ihren beiden Füßen zentimeterweise zurück.

Vorsicht!
Ein hohes Schnittverletzungsrisiko besteht, wenn rund **um** den Bauch geschoren wird.
Vorsicht an dem Sehnenbereich der Beine.

Hinweis
- An der letzten Seite müssen alle beginnenden Züge am Bauch heruntergerichtet sein, nicht rundherum!
- Beginnen Sie immer mit vollem Kamm.
- Minimale Köperbewegungen.
- Durchgehende Züge.
- Rollen Sie das Handstück an unebenen Flächen, um *second cuts* zu vermeiden.

5.3 Unterschiedliche Scherstile und Variationen beim Scheren

Ein Scherstil ist nicht nur die individuelle Schurart eines Scherers, der Stil wird auch von den Schafrassen beeinflusst, die er schert.

Der australische Stil für die Merinoschur unterscheidet sich z. B. in den Bereichen *undermine* und Hals erheblich vom eben beschriebenen Bowen-Stil der Neuseeländer. Die Falten und die dichte Wolle der Merinos erlauben oft nur eine kurze *undermine* und verlängern dadurch die langen Züge. Am Hals muss das Schaf in einer anderen Position gehalten werden, um die Falten dort bestmöglich auszuflachen und sauber scheren zu können.

Die Schotten scheren ihre zotteligen Blackface-Schafe nur wenig anders als die Amerikaner ihre massigen Ramboulliet-Schafe.

Durch die Rassenvielfalt entstehen somit länderspezifische Abweichungen im Scherstil. Auch in Deutschland muss der Scherstil den hier in reicher Vielzahl gehaltenen Rassen angepasst werden. An großen Schafen sind zusätzliche Züge nötig. An kleineren Rassen und Lämmern können hingegen Züge reduziert werden. An haarigen Landrassen sind wiederum aufgrund der derben und oft langen Haarwolle weitere Justierungen notwendig.

Typische *top-side-Neck*-Stellung hier an einer Heidschnucke. Das Schaf sitzt eher in aufrechter Position und der Scherer steht gerade.

5.3.1 Den Hals von oben oder von unten? Topside- und bottom-side-Neck (Halsober- oder -unterseite)

Der Hals ist der Bereich, der auf vielfältigste Arten geschoren werden kann.

In der Regel können alle Schafe ohne Falten beliebig geschoren werden, das heißt, der erste Zug am Hals kann von **oben** (*topside*), **mittig** oder von **unten** (*bottom side*) erfolgen. Ein mittiger Halszug ist bei Schafen mit Halsfalten allerdings nicht möglich.

Das Brustbein des Schafes liegt frei zugänglich vor dem rechten Knie des Scherers und ermöglicht einen einfachen Eintritt für den ersten Halszug auf der oberen Halsseite.

Typischer *bottom-side-Neck*-Zug an einem faltigen Merinolamm. Beachten Sie die vorgelehnte Haltung des Scherers und des Tieres.

An der zweiten Halsseite liegt das Schaf flach und der Scherer schert von oben über den nahezu flach liegenden und heruntergedrückten Hals.

Diese Schafe werden entweder *top*- oder *bottom side* geschoren, die Technik ist Geschmackssache des Scherers. In der Praxis wird an nichtfaltigen Schafen der *topside* bzw. der mittige Zug als erster Halszug bevorzugt. Generell gilt, dass *topside*-Scherer ihrem Stil sowohl bei faltigen als auch nichtfaltigen Schafen treu bleiben, weil sie an den Scher- und Bewegungsablauf gewöhnt sind.

5.3.2 Das Scheren von großen und schweren Schafen

Deutschland ist bis weit über seine Grenzen hinaus bekannt für seine großen und schweren Schafe. Schwere Schafe bedeuten zwar mehr Kraftaufwand beim Handling, lassen sich aber meistens hervorragend scheren. Ihr großer runder Körper bietet eine straffe und feste Oberfläche und gute Voraussetzungen zum Ansetzen von breiten Zügen.

Eine rutsch- und standfeste Position ist Voraussetzung zum Scheren besonders schwerer Schafe. Durch ein Stück Teppich auf dem Schurboden kann die Standfestigkeit noch einmal verbessert werden. Eine flexible Welle bietet unter außergewöhnlichen Umständen mehr Bewegungsfreiheit, vor allem dann, wenn das Schaf außerhalb des gewünschten Scherradius gelangt. Manchmal ist es leichter, dem Willen eines schweren Schafes nachzugeben, als dagegenzuhalten. Eine sauber geschorene erste Keule, *crutch* und eine große *undermine* rechnen sich für alle folgenden Scherbereiche, vor allem an der letzten Seite, wenn die Erreichbarkeit durch die Größe des Schafes eingeschränkt wird. Kalkulieren Sie bei großen Schafen in fast allen Körperbereichen extra Züge hinzu.

5.3.3 Das Scheren von Böcken

Gehen Sie vorsichtig und ruhig mit Böcken um. Hier gilt als oberstes Gebot: Relaxen und keine Angst vor Testosteron!

Ein paar Hinweise, die eine Bockschur vereinfachen können:
- Sicherheit geht vor Angeben!
- Seien Sie nicht zu stolz, um Hilfe zu bitten.
- Die Bockschur wird erleichtert, wenn Ihnen jemand hilft das Tier zu halten, zu drehen oder zu ziehen, wenn nötig.
- Weisen Sie anwesende Personen für mögliche Hilfsmaßnahmen ein, bevor Sie mit dem Scheren beginnen.
- Gehen Sie bereits vor der Schur ruhig mit den Böcken um.
- Vergessen Sie den Scherstil. Scheren Sie einen unruhigen Bock in der Position, in der er am wenigsten zappelt!
- Scheren Sie ruhig und volle Züge.
- Scheren Sie so, wie es am bequemsten und sichersten für Sie und das Tier ist.

Über das Scherbord geschaut

In Australien wird jedem Bock vor der Schur ein Beruhigungsmittel verabreicht. Kaum ein Scherer in Australien schert Böcke ohne diese Injektion, weil dort keine Versicherung für einen Schaden haftet, den ein unbetäubter und außer Kontrolle geratener Bock verursacht hat.

5.3.4 Das Scheren von Lämmern

In den großen, schafreichen Ländern gehört das Lämmerscheren, genau wie das der Muttern, zum alljährlichen Ablauf. Auch in Deutschland entdecken immer mehr Schafhalter die Vorzüge einer Lammschur. Die Nachzucht entwickelt sich besser und Betriebe mit intensiver Lämmermast bestätigen erhöhte Ausschlachtgewichte rechtzeitig geschorener Lämmer.

Das Geheimnis des Lämmerscherens lautet: Seien Sie entspannt! Lämmer werden zum ersten Mal in ihrem Leben geschoren. Kein Kind geht freiwillig und freudig zum ersten Mal „zum Mann mit der großen Schere". Konzentration, effiziente und langsame Züge sind hier gefragt.

- Verlangsamen Sie Ihre Hand so, dass es Ihnen seltsam vorkommt.
- Versuchen Sie, Züge zu reduzieren.
- Konzentrieren Sie sich auf die Effizienz Ihrer Züge, mehr als bei jedem anderen Schaf.
- Vermeiden Sie Nachzüge.
- Vorsicht bei den Beinen, es besteht besonders hohes Verletzungsrisiko.
- Seien Sie geduldig, auch wenn es die Lämmer nicht sind.

5.3.5 Das Scheren von Landrassen-, Heidschnucken und haarigen Rassen

Heidschnucken und wollhaarige Landrassen sind in Deutschland zur Landschaftspflege weit verbreitet. Für diese Rassen ist ein zu früher Scherzeitpunkt im Frühjahr ungünstig, da sich die Wolle noch nicht von der Haut gehoben hat. Sie klebt regelrecht am Körper, was das Scheren fast unmöglich macht. Die Körperform variiert bei den Landrassen enorm, und nicht selten tragen sie verschiedenartige Hörner, die beim Scheren aber nicht unbedingt ein Hindernis darstellen.

Durch die lange Haarwolle liegen die Schafe auf der letzten Seite häufig auf Haarbüscheln und machen sie schwer erreichbar und scherbar. Deshalb folgende Empfehlungen:

- Scheren Sie den *crutch*-Bereich sauber und großzügig.
- Scheren Sie eine besonders breite *undermine*. Wichtig ist der Zug unter der Wirbelsäule.
- Zusätzlich wirkt ein nach unten gerichteter kleiner Zug unter dem letzten *undermine*-Zug Wunder an der letzten Seite.
- Passen Sie die Züge der Körperform des Schafes an.
- Scheren Sie mit flachem Kamm um die Hörner.
- Halten Sie den oberen Kammzahn dazu dicht am Hornansatz.
- Benutzen Sie runde Kämme für „knochige" Rassen.

5.3.6 Das Merino

Das Merinoschaf kommt in Deutschland heute nicht mehr als Produzent feiner Wolle vor. In der ehemaligen DDR stellte es bis zur Wende 1989 den Großteil des dortigen Schafbestandes. Das Merino kann um den ganzen Körper stark bewollt sein. Seine Hautfalten und die dichte feine Wolle können den Scherfluss erheblich verlangsamen und machen Justierungen im Bodenschurstil vor allem bei den Beinen, *undermine*, Hals, den langen Zügen und dem Kopf nötig.

Die Schafzucht; Erster Teil: Die Wollkunde: 1873, B Die Schur, 1. Das Scheeren, S.456

„Das Scheeren ist bei dem Schafe aber auch viel schwieriger, wie bei jedem anderen Thiere, da die Haut in den meisten Fällen nicht glatt anliegt, sondern oft über den ganzen Körper hin, wie bei den Negrettischafen starke, mitunter förmlich wulstige, bei dem modernen Edelschafe feine Falten bildet.“

Um einen guten Eintritt und Scherfluss durch Feinwolle zu erreichen, werden zur Schur Merinokämme mit größerem *Bevel* benutzt. Kämme mit *Bevel* 5, 6, 7 oder 8 sind an der Kammspitze deutlich flacher als *short-* oder *medium-Bevel*-Kämme. Die Wolle der Merinos ist wertvoll. Hier erntet der Scherer ein Produkt, das nicht selten die jährliche Haupteinnahme des Schafhalters ist. Höchstmögliche Vliesgewichte pro Schaf werden angestrebt. Das bedarf Scherer, die mit wenig Verschnitt und *second cuts* scheren. Bei der Schur von Merinos ist deshalb eine flache und lockere Hand besonders wichtig.

Merinoschafschur in Australien.

5.4 Das Ausscheren

Ausscheren ist das Entfernen der Wolle um den Schwanz, am Hinterteil des Schafes und gegebenenfalls auch an den Beinen. Mit Kot und Urin beschmutzte Wolle wird entfernt, was sinnvoll ist z.B. nach durchfallintensiven Phasen im Frühjahr oder bei Wurmbefall, vor dem Ablammen und vor dem Verkauf von Schafen.

Vorteile des Ausscherens

- Hygienischer für das Schaf.
- Im halbjährigen Rhythmus mit der Schur bleibt die Wolle um das Hinterteil sauberer.
- Hygienischer bei der Ablammung.
- Ausscheren im Augenbereich beugt Wollblindheit vor.

Arten des Ausschwänzens

Es gibt zwei Grundpositionen zum Ausschwänzen von Schafen.

So soll ein ausgeschorenes Schaf aussehen. Hier wurde nur wenig Wolle um das Hinterteil abgeschoren. Wie viel Wolle beim Ausscheren entfernt werden soll, hängt von den Wünschen des Schafhalters ab.

Beide Arten beginnen mit dem Scheren der Beininnenseiten.

5.4.1 Back slam

= Schwingen Sie die Beine entgegen der normalen Scherrichtung (nach links).
> Tauchen Sie Ihren Kamm über der Schwanzwurzel in die Wolle und fahren Sie mit einem Zug darüber.

> Von der Schwanzwurzel kommend, scheren Sie am oberen Bein entlang.
> Scheren Sie einen Zug unter dem Schwanz. Fahren Sie bis zum Knöchelgelenk des anderen Hinterbeines raus.
> Tauchen Sie erneut oberhalb der Schwanzwurzel ein und fahren Sie am unteren Bein heraus.

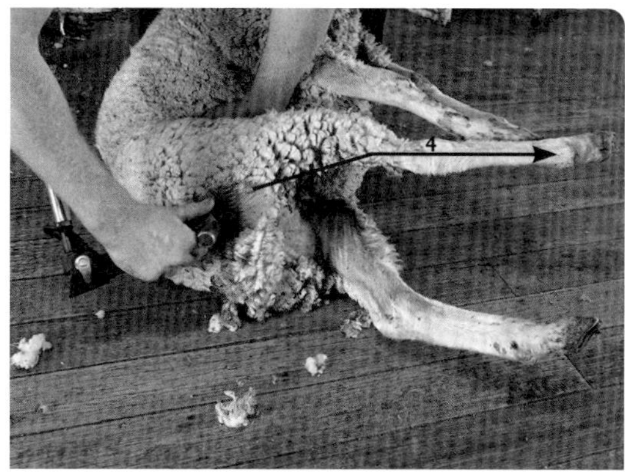

Von der Schwanzwurzel scheren Sie Richtung Bein.

Säubern Sie die Schwanzwurzeln mit einem kurzen Zug.

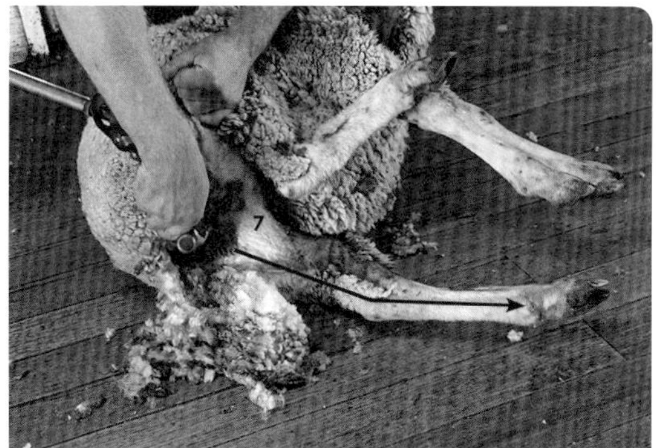

Beginnen Sie den letzten Zug unter der Schwanzwurzel. Fahren Sie am unteren Bein entlang in Richtung Huf.

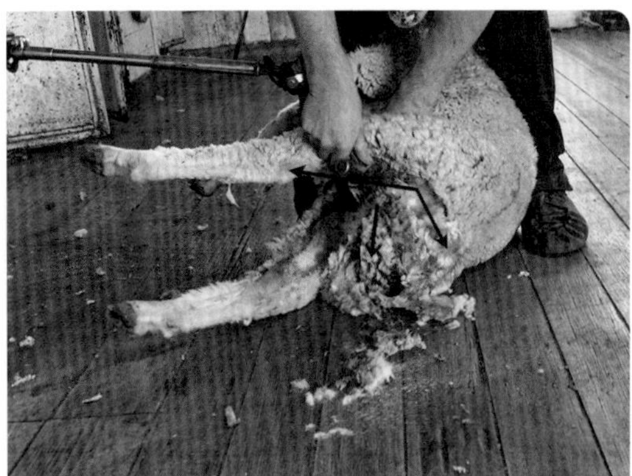

Scheren Sie vom oberen Bein kommend zuerst über der Schwanzwurzel frei.

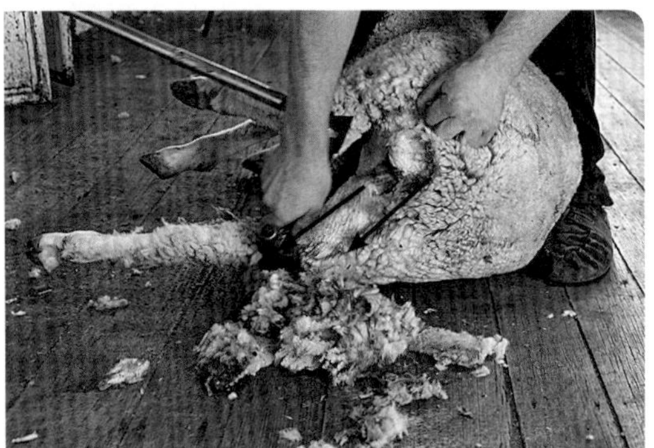

Entfernen Sie die Wolle am unteren Bein, mit zum Boden gerichteten Zügen.

5.4.2 Fan crutch

= Schwingen Sie die Beine in Richtung Schurstange (nach rechts) und beginnen Sie an der äußeren Beinseite.

= Scheren Sie direkt zur Schwanzwurzel und wenn möglich darüber hinweg.

> Scheren Sie mit einem Zug den Bereich unter der Schwanzwurzel frei.

> Zwei kurze, zum Boden gerichtete Züge sollten ausreichen, um die Wolle auf der anderen Beinseite zu entfernen, im gleichen Maß, wie auf der oberen Beinseite.

5.5 Schertechnische Wollverluste – second cuts oder kurze Wollfusseln

Die Bedeutung *second cut* ist in seiner wörtlichen Übersetzung zweideutig und wird mit „zweiter Schnitt“ oft missverstanden. Ein Nachzug oder zweiter Schnitt ist nicht automatisch ein *second cut*, nur weil er eventuell rückwirkend **nach** einem Hauptzug geschoren wird.

Ein Nachzug ist **kein** *second cut*, wenn stehen gelassene, **aber ganze** Wollteile, also das Wollhaar in seiner vollständigen Länge abgeschoren wird. Nachzüge können notwendige Säuberungszüge um Kopf oder Beine sein, wenn Körperpartien nicht ganz mit dem Hauptzug erfasst werden konnten.

Second cuts bezieht sich auf **zweimal geschnittene Wolle**.

Das sind kurze Wollteile eines vollständigen Wollbüschels, dessen Spitzen bereits abgeschoren sind. Sie entstehen, wenn der Kamm nicht flach auf der Körperoberfläche des Schafes entlangläuft und **in die Wolle** schneidet. Das passiert häufig, wenn das Handstück am Ende eines Zuges voreilig hochgezogen wird und der Kamm in der Wolle anstatt auf der Haut abschließt. Der zurückgelassene kurze Wollflaum wird dann mit dem nächsten Zug erfasst oder ganz bewusst nachgesäubert.

Eine weitere Gefahrenquelle für *second cuts* sind die runden Körperteile des Schafes. Sie kommen am häufigsten in den Bereichen *undermine*, Hals, lange Züge und auf der Keule während der letzten Züge vor. Die unteren Kammzähne liegen zwar auf der Haut, die oberen aber nicht und fahren in die Wolle.

Hinweis
Ein Nachzug ist nicht gleich ein *second cut*!

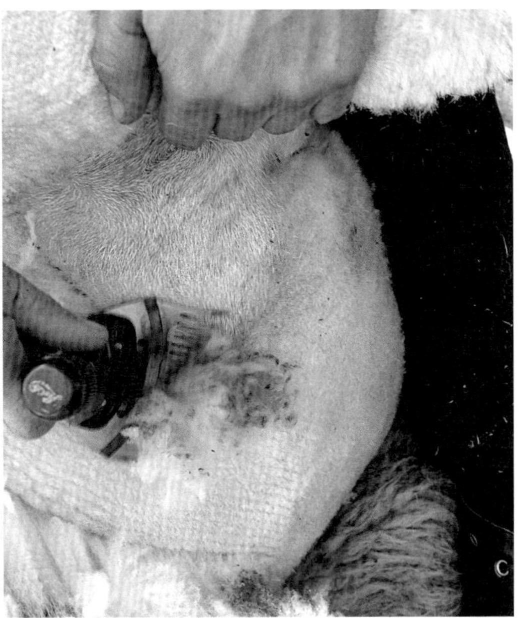

Dieses stehen gelassene Wollbüschel ist kein *second cut*, auch wenn es nachträglich geschoren wird.

Wird der angezeigte Bereich nachgeschoren, entstehen *second cuts*. Hier wurde der Scherzug nicht sauber auf der Haut beendet und die Wollfaser zweimal geschnitten.

Wie minimiert man second cuts?

- Kamm stets auf der Haut lassen.
- Züge sauber abschließend auf der Haut beenden.
- Das Handstück um Körperrundungen rollen, dabei das Handgelenk drehen.
- Für kleine Schafe Kämme mit geringerer Breite benutzen.
- Wenn nötig, an typischen *second-cut*-Risikostellen „halb“ scheren, also nur mit den unteren Zähnen des Kammes.

5.5.1 Warum ist es so wichtig, second cuts zu vermeiden?

Für die Schafhalter sind *second cuts* wertlose Wollteile, die Bestandteil des ganzen Vlieses hätten sein können. Sie stellen somit einen Gewichtsverlust dar. Da Wolle u. a. nach Gewicht bezahlt wird, bedeuten *second cuts* Gewinnverluste für den Schafhalter.

Außerdem haben sie tatsächlich Einfluss auf die Endprodukte der Wolle, vor allem bei Kleidung. Jeder, der Kleidungstücke aus Wolle trägt, hat vielleicht schon einmal bemerkt, dass sich durch Reibung kleine Röllchen und Kügelchen auf der Oberfläche des Pullovers bilden. Sie entstehen aus kurzen Wollteilchen, den *second cuts*.

5.6 Die Bankschur – das Scheren auf der Bank

Seit Handmaschinen die Handschere abgelöst haben, hat sich die Bankschur in Deutschland als vorherrschende Schurmethode durchgesetzt. Für die Bankschur gibt es keine genau festgelegte Abfolge der Züge, wie etwa bei der Bodenschur nach Bowen. Die Mehrheit der Bankschurscherer beginnen mit einem eröffnenden Zug auf der Wirbelsäule, von wo aus sie zuerst eine Seite und danach die andere Seite des Schafes von oben nach unten abscheren.

5.6.1 Schaf auf die Bank setzen

- Setzen Sie das Schaf aufrecht vor sich hin, sodass seine Beine nach links zeigen.
- Das Schaf lehnt an Ihrem Körper.
- Halten Sie das Schaf mit der freien Hand.

5.6.2 Eröffnungszug und Kopf

- Eröffnungszug entlang der Wirbelsäule. Beginnen Sie mittig und scheren Sie so hoch wie möglich und mittig über den Kopf hinweg.
- Scheren Sie den Kopf, Ohren und ggf. die Wangen frei.

Eröffnungszug.

Kopf.

Hals und Schulter.

5.6.3 Der Hals

> Scheren Sie den Hals mit 2–3 nach unten gerichteten Zügen frei bis zur Halsmitte.

5.6.4 Die Schulter und erstes Vorderbein

> Scheren Sie von der Wirbelsäule Richtung Vorderbein am Brustbein herunter.
> Scheren Sie von der Wirbelsäule kommend auf dem Vorderbein hinaus.
> Säubern Sie unter dem Bein.

Bauch.

5.6.5 Der Bauch

> Scheren Sie von der Wirbelsäule ausgehend heruntergerichtete Züge um den Bauch.
> Scheren Sie dabei den Unterbauch mit (optional).

5.6.6 Die erste Hinterkeule und Bein

= Kopf und Hals verschwinden mehr unter dem Arm.
= Das Schaf rollt zum Scherer und wird flacher gelegt. Treten Sie nur wenig zurück, wenn nötig.
> Scheren Sie von der Wirbelsäule aus Richtung Hinterbein und fahren Sie den Zug auf der Beinoberfläche aus.
> Wiederholen Sie diese Züge, bis das Hinterbein sauber geschoren ist.

Keule und Hinterbein.

5.6.7 Der Rücken und die andere Bauchseite

> Beginnen Sie hoch oben im Schulterbereich für lange heruntergerichtete Züge über den Rücken hinweg Richtung Schwanzwurzel.
> Scheren Sie tief in den Bauchbereich der anderen Seite (2–3 Züge) hinein.

Rücken.

Zweite Bauchseite.

Hinterteil und Schwanzbereich.

5.6.8 Der crutch

> Scheren Sie das Hinterteil des Schafes auf dieser Seite so weit wie möglich sauber.

Zweite Halsseite nach dem Umschwingen.

5.6.9 Umschwingen des Schafes

= Schwingen Sie das Schaf um 90°.
= Die Schafbeine zeigen nun nach vorn.
= Stellen Sie Ihr linkes Bein auf die Bank und fixieren Sie das Schaf damit.
> Scheren Sie am Hals hoch bis unter das Kinn, beginnen Sie tief am Brustbein.

Brustbeinbereich.

5.6.10 Hals und Brust

= Drehen Sie den Kopf des Schafes dabei wieder unter den Arm und fixieren Sie das Schaf so.
> Scheren Sie den vorderen Brustbereich.

5.6.11 Der Unterbauch

> Scheren Sie den Unterbauch.

Unterbauch.

5.6.12 Das zweite Vorderbein und Bauch

> Scheren Sie Richtung Wirbelsäule. Beginnen Sie auf der Beinbreitfläche.
> Scheren Sie unter dem Bein sauber. Nehmen Sie das Vorderbein des Schafes dazu in die Hand und heben es ggf. an.
> Scheren Sie den Bauch bis zur Wirbelsäule frei. Beginnen Sie vom Unterbauch aus.
= Drehen Sie das Schaf mit jedem Zug etwas mehr nach rechts.

Zweites Vorderbein.

Zweite Schulter.

Zweite Bauchseite.

5.6.13 Die zweite Keule und das Hinterbein

> Scheren Sie um die Keule. Beginnen Sie auf der Hinterbeinbreitfläche mit Zügen Richtung Schwanzwurzel.

= Lehnen Sie das Schaf flach an sich.

> Beginnen Sie am Beinunterende und scheren Sie bis zum Hinterteil.

> Säubern Sie das Hinterteil.

5.7 Unterschiedliche Scherstile und Variationen

Ausgehend von dem typischen Bankschurschema „rechts, links, von oben nach unten“, sind bei den Bankscherern bei genauere Betrachtung viele kleine Unterschiede feststellbar, die von Scherer zu Scherer deutlicher variieren, als bei der Bodenschur.
Gravierende Unterschiede beim Bankscheren können sein:

- Zuganzahl.
- Zuganordnung.
- Zugreihenfolge.
- Binden der Beine auf der Bank (nur noch selten).
- Eröffnungszug auf dem Rücken.
- Schurbeginn am Bauch und an den Hinterbeinen.
- Der Kopf wird sofort nach dem Eröffnungszug geschoren.
- Der Kopf wird später nach 2–3 weiteren Halszügen geschoren.
- Der Bauch wird bereits auf der ersten Seite geschoren, nach dem Vorderbein, aber vor dem Hinterbein.
- Der Bauch wird erst auf der zweiten Seite geschoren, nach dem Vorderbein, aber vor dem Hinterbein.

5.8 Faustregeln des guten Scherens

Sie gelten sowohl für die Bankschur als auch die Bodenschur. Kleinigkeiten machen häufig den großen Unterschied aus. Sie sind ganz unabhängig von Ihrer Schererposition und Ihrer Zugführung.

Die Zufriedenheit des Tieres während der Schur wird in nicht zu unterschätzendem Maße von Ihrer Hand und Ihrem Gemüt bestimmt.
- Vermeiden Sie Anspannungen und bewahren Sie Ruhe!
- Scheren Sie mit flachem und vollem Kamm, immer auf der Haut bleibend.
- Beenden Sie Züge sorgfältig mit geradem Abschluss auf der Haut.
- Vermeiden Sie große Kreisbewegung mit Ihrer Handstückhand.
- Mit effektiven und langsamen Zügen erreichen Sie mehr als mit hastigen, unkontrollierten und vielen kurzen Zügen.
- Behalten Sie beim Scheren immer Ihr Wohlbefinden und das des Tieres im Hinterkopf.
- Gehen Sie natürlich mit den Tieren um.
- Kämpfen Sie nicht gegen sie, arbeiten Sie mit ihnen.
- Wechseln Sie Ihre Messer und Kämme regelmäßig, bevor Ihr Schnitt nachlässt.
- Mit einem scharfen Schnitt, einer geschmeidigen Hand und wenig Druck auf dem Körper und durch die Wolle, kann ein Tier durchaus ruhig gehalten werden!
- Gönnen Sie sich ausreichend Pausen zu festgesetzten Zeiten, um Körper und Geist zu erfrischen.

5.9 Gibt es Alternativen zur herkömmlichen Schur?

Nicht viele. Immer wieder wird auf die ursprünglichste Form – die Schur per Hand – zurückgegriffen, weil sie die einfachste und effektivste ist. Trotzdem gab und gibt es Ideen und Versuche für eine gesteuerte Schur ohne Menschenkraft. Die meisten davon erwiesen sich arbeitstechnisch als unrentabel.

Scher-Roboter-Experimente gab es in den 1970er-Jahren. Genau wie der Lasereinsatz ist er ineffizient und wird wegen des hohen Zeit,- Geräte- und Vorbereitungsaufwands nicht in der Praxis eingesetzt.

Bereits in den 1960er-Jahren hat es Versuche für eine **chemische Entvliesung** von Schafen gegeben. Die Russen waren auf diesem Gebiet weltweit Vorreiter. Das damals verwendete Mittel war u. a. Zyklophosphamid. Der Stoff kam bei der menschlichen Tumorbehandlung zum Einsatz und bewirkte dort als Nebeneffekt Haarausfall. Das haben sich Forscher zunutze gemacht, um beim Schaf einen Wollausfall zu erzwingen – mit Erfolg. Etwa zwei Wochen nach der Injektion mit Zyklophosphamid begann die Wolle der Schafe abzufallen, allerdings nicht in einem Gesamtstück und die Methode wurde daher für die Praxis als ungeeignet erachtet. Die unerforschten Langzeitwirkungen dieses umstrittenen Wirkstoffes ließen ferner Fragen zur Fruchtbarkeit offen.

Dennoch wurde die Idee weiter erforscht, um später tatsächlich praktisch angewandt zu werden, z. B. auf australischen Farmen. Um eine hundertprozentige Wollausbeute an Schafen mit superfeiner Wolle zu erreichen, wird die chemische Entvliesung auf Farmen mit geringer Herdengröße heute tatsächlich angewandt.

Der Wirkstoff, der den Wollausfall bewirkt, basiert auf einer Proteinverbindung. Kurz bevor die Schafe ihr Wollvlies verlieren, wird ihnen mit viel Arbeitsaufwand ein Netz um den gesamten Körper gespannt, das die Wolle auffängt und bis zur Entnahme zusammenhält. Die Schafe sind nach dem Wollabstoß wie neugeborene Mäuse komplett nackt und brauchen mindestens zwei Wochen Schutz vor jeglichen Witterungseinflüssen, vor allem vor der prallen Sonne. Auch aus diesem Grund ist die chemische Entvliesung an großen Herden nahezu unmöglich und zu aufwendig.

Man muss allein sein können

Emanuel Gulde (1981)
Baden Württemberg

Emanuel ist hauptberuflich Schafscherer und schert die meiste Zeit im Jahr in der Schweiz.

Er nimmt aktiv an Scherwettbewerben teil.
Wettbewerbserfolge:
2009 deutscher Vizemeister
2011, 2013 Deutscher Meister
Teilnahme an Weltmeisterschaften in Wales 2010, Neuseeland 2012, Irland 2014
Teilnahme an 7 französischen Meisterschaften

Wenn man das Schererdasein von Emanuel Gulde als Außenstehender betrachtet, so scheint es, dass sein Bruder Florian Einfluss darauf hatte. Durch ihn lernte Emanuel die Bodenschur und nahm 2009 erstmals an einer deutschen Meisterschaft teil, als sie daheim in Salem stattfand und von seinem Bruder ausgerichtet wurde.

Emanuel stammt aus einer Schäferei-Familie in Salem am Bodensee. Nach einer Kfz-Mechanikerausbildung und Schäferlehre war er vorerst auf dem Familienbetrieb seines Vaters angestellt, der über 1000 Merinolandschafe hielt. Zu der Zeit schor er bereits im Nebenerwerb. Als Vater Gulde 2006 einen Teil der Schäferei an Bruder Florian übergab, war für Emanuel bereits klar, dass seine Leidenschaft dem Schafscheren gilt und er begann von da an, hauptberuflich zu scheren. In den vergangenen Jahren erweiterte er seinen Kundenkreis so weit, dass er seitdem über sieben Monate im Jahr mit Schafescheren beschäftigt ist. Im Sommer erstreckt sich sein Hauptschergebiet auf Baden Württemberg. Meistens schert er große Herden und zusammen mit 3–4 anderen Scherern. Die Hälfte seiner Schafkunden wird unter freiem Himmel, die andere Hälfte unter Dach von der Wolle befreit.

Im Spätwinter/Frühjahr und im Herbst schert Emanuel nach einem relativ festen Ablauf in der Schweiz. Die Schur im Spätwinter ist einfacher zu organisieren, und er kann seine Wochen ziemlich genau vorausplanen, da er unabhängig vom Wetter vorwiegend im Stall und allein arbeitet. Soweit der Schurplan es zulässt, macht er dann einen Tag in der Woche frei, meistens Sonntags, um heim nach Salem zu fahren.

Das Scheren in der Schweiz im Spätwinter bringt oft lange Autofahrten mit sich, wenn Straßen und Pässe wegen Schnee und Lawinengefahr unpassierbar sind. *„Ich verbringe viel Zeit im Auto und auf den Straßen. Autofahren und Schafe scheren, das ist oft 16 Stunden lang volle Konzentration."*

Was Emanuel als Schafscherer genießt, ist die Freiheit. Er kann sich nicht vorstellen, je wieder fest angestellt zu sein, wo ein geregeltes Arbeits- und Alltagsleben leicht auch von Eintönigkeit überschattet wird.

Die Motivation für Wettbewerbe kam mit der Deutschen Meisterschaft 2009. Das heimische Umfeld in Salem gab ihm Vertrauen und er wurde prompt Zweiter. Noch heute erinnert er sich gerne an den heißen Tag im Spätsommer seiner ersten Deutschen Meisterschaft und sein damit verbundener Erfolg.

Was genießt du als Schafscherer am meisten?

... nichts ist fest geregelt.
... meine Freiheit.
... meine langjährigen Kunden wiederzusehen.
... die unterschiedlichen und wunderschönen Gegenden.
... Kunden, die meine Arbeit schätzen.
... die Abgeschiedenheit in den Tälern der Schweiz, nur wenige kommen an diese Orte.
... nach einem harten Arbeitstag mit gutem Gefühl einschlafen zu können.

Was gefällt dir als Schafscherer überhaupt nicht?

... die vielen Stunden im Auto.
... ich stehe oft unter Zeitdruck, Scheren ist eine Saisonarbeit, die Schafe müssen innerhalb eines gewissen Zeitraums geschoren sein.
... harte Wetterbedingungen.

Welche Stärken muss man haben, um Schafscherer zu werden?

... man muss zäh sein, besonders in der Hauptsaison ist es ein knallharter Job.

... jede Menge Durchhaltevermögen.

... man muss allein sein können.

... man muss sich über lange Zeit vom „normalen" Leben trennen können.

... körperliche Fitness.

Was macht aus deiner Sicht einen guten Schafscherer aus?

... Ehrgeiz.

... Pünktlichkeit.

... eine gute Qualität der Arbeit.

... Zuverlässigkeit.

Was sind oder waren deine schönsten oder nachhaltigsten Momente als Schafscherer?

... mit meiner ganzen Scherausrüstung musste ich über eine Skipiste und die Skifahrer zogen an mir vorbei, der Stall war auf der anderen Seite der Skipiste und von keiner anderen Seite erreichbar, ich musste quer drüber, das sind Bilder die man nicht vergisst.

... Landschaftsbilder! Wenn ich morgens um 6:00 Uhr über einen schneebedeckten Pass komme und der Morgennebel so da liegt; unglaublich schön, wie auf einer Postkarte!

... nur einen Moment war ich unkonzentriert und schon musste ich frühzeitig Feierabend machen, meine Verletzung am Unterarm musste im Krankenhaus genäht werden.

6 Das Schleifen – eine Kunst für sich

Schleifexperten vermuten, dass 70–80 % aller Scherer keinen wirklich scharfen Schnitt haben und für schlechte Schurergebnisse die Schafe selbst und äußere Umstände beim Scheren verantwortlich machen. Unscharfes Scherwerkzeug reißt an der Wolle, was unangenehm für das Schaf ist und wogegen es sich verständlicherweise wehrt.

Gründlich geschliffenes Material sorgt nicht nur für ein ausgeglichenes Schaf während der Schur und für gute Schurendqualität, es reduziert auch den Krafteinsatz des Scherers durch bessere Schneidwirkung. Deshalb verlangt das Schleifen von Kamm und Messer besondere Aufmerksamkeit und Präzision.

Wie für das Scheren, so gilt auch für das Schleifen: Ziehen Sie am Anfang einen Fachmann zurate. Schleifkenntnisse- und Techniken müssen erlernt und ihre Resultate sollten immer wieder überprüft und nachkorrigiert werden.

6.1 Wie entsteht die Schneidwirkung?

Die Schneidwirkung entsteht durch eine Hohlwölbung im Zentrum von Messer und Kamm, wodurch sich die äußeren Randbereiche von Kamm und Messer zuerst berühren (Scherwirkung). Der Hohlraum im Zentrum dient gleichzeitig als Spielraum zur Druckanpassung des Messers, wenn es am Handstück festgezogen wird. Lägen Kamm und Messer flach aufeinander, käme keine Scherwirkung zustande. Ihre Außenkanten wären, übertrieben beschrieben, nach außen gelagert und wie Mühlsteine aufeinanderreiben. Selbst durch erhöhte Druckausübung auf das Messer käme kein zufriedenstellender Schnitt zustande, mit dem unangenehmen Nebeneffekt, dass das Handstück heißläuft.

Ziel des Schleifens ist eine möglichst gleichförmige Hohlwölbung im Zentrum des Kammes und des Messers. Dazu sind speziell geformten Schleifplatten nötig. Sie sind unsichtbar konkav gewölbt, d. h. um 1° von innen nach außen abfallend.

6.2 Womit wird geschliffen?

Die häufigsten in Deutschland verwendeten Schleifapparate zum Schleifen von Schafschurutensilien sind vertikal laufende Ein- und Zweiplattenschleifer sowie der horizontal laufende Tellerschleifer.

6.2.1 Tellerschleifer

Der vertikale Tellerschleifer operiert ohne wechselbares Schleifpapier und Pendeleinsatz. Auf die Platten wird vor jedem Schleifvorgang Schleifschmirgel gerieben. Der Kamm oder das Messer wird an einem Haltemagnet fixiert, der allerdings „frei Hand" über die Platte bewegt wird.

6.2.2 Einplattenschleifer

Der Einplattenschleifer besteht aus einem Motorgehäuse und einer vertikalen Schleifplatte, die zum Schleifen sowohl von Kämmen als auch von Messern dient. Am EasyGrinder der Firma Heiniger befindet sich selbst klebendes 60er Schleifpapier, dass bei Gebrauch regelmäßig gewechselt werden muss. Für den Schleifenvorgang wird der Kamm oder das Messer mithilfe eines Pendels fixiert. Das Pendel ist vom Hersteller korrekt eingestellt und bedarf keiner weiteren Justierungen. Für das Kammschleifen ist die Pendelweite jedoch anders als für das Messerschleifen und muss über den Pendelhaltebolzen am oberen Ende des Pendelgalgens verändert werden.

6.2.3 Zweiplattenschleifer

Zweiplattenschleifer bestehen aus zwei separaten Schleiflatten, die gleichzeitig am Motorkörper mit 3000U/min rotieren. Die Platten sind mit speziell für diesen Schleifapparat vorgesehenem Sandpapier beklebt. Eine Platte dient zum Schleifen der Kämme und ist mit Sandpapier der Körnung 40, die Messerseite mit 80er Sandpapier beklebt. Wegen der hohen Umdrehung der Platten benötigt man ein sogenanntes Pendel, an dem die Messer und Kämme mittels Magnetband und Haltestiften fixiert werden. Die korrekte Einstellung des Schleifers und des Pendels sind Grundvoraussetzungen für einen sicheren

Der EasyGrinder der Firma Heiniger eignet sich besonders für Neueinsteiger, denn der vom Hersteller eingestellte Schleifapparat und das Pendel sind sofort einsatzbereit.

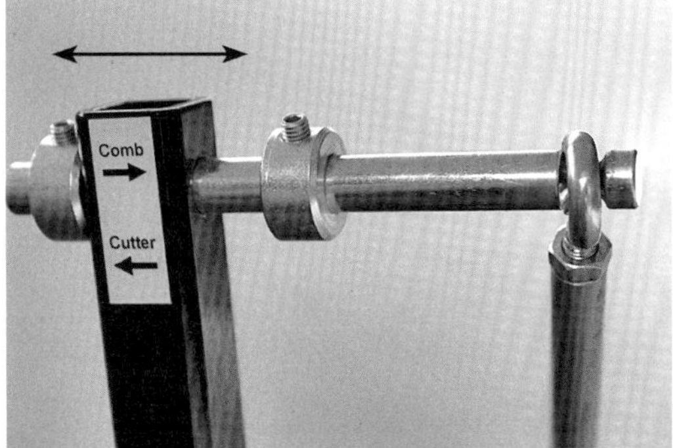

Am EasyGrinder verschieben Sie zum Schleifen von Messern den Bolzen auf Cutter- und für Kämme auf Comb-Einstellung.

Zweiplattenschleifer der Firma Heiniger.

und erfolgreichen Schliff und müssen vom Benutzer selbst eingestellt werden.

6.2.4 Sicherheitshinweise zur Installation von Schleifobjekten

- Platzieren Sie das Schleifgerät in bequemer und sicherer Arbeitshöhe und immer auf einem stabilen Untergrund. Bedenken Sie die gewaltige Kraft, die von den rotierenden und vibrierenden Geräten ausgeht.
- Ideal ist ein Platz, an dem der Schleifer fest installiert werden kann, z. B. in der Werkstatt.
- Wird der Schleifer transportiert und am Scherplatz benutzt, ist es umso wichtiger, ihn an einem sicheren Ort und fest stehend aufzubauen.
- Kontrollieren Sie vor jedem Gebrauch die Feststellmuttern der Schleifplatten und der Schutzabdeckung (EasyGrinder), auch dann, wenn der Schleifer fest installiert ist.
- Tragen Sie beim Schleifen keine lose oder flatternde Kleidung und festes Schuhwerk.
- Tragen Sie immer eine Schutzbrille und Gehörschutz.
- Benutzen Sie für die schnell rotierenden Platten immer eine Haltevorrichtung für Kamm oder Messer (Pendel oder Haltemagnet). Diese müssen in einwandfreiem Zustand sein.
- Achten Sie darauf, dass sich während des Schleifens keine Personen in der „Flugschneise" aufhalten, sollte sich doch einmal ein Messer oder Kamm von der Haltevorrichtung lösen.

- Fassen Sie nicht auf die rotierenden Platten.
- Benutzen Sie den Schleifapparat nicht, wenn er defekt oder verformt ist.
- Das Schleifpapier muss fest an der Platte kleben.
- Stromkabel müssen unbeschädigt und so platziert sein, dass sie mit den rotierenden Platten nicht in Kontakt kommen.
- Bewahren Sie den Schleifapparat immer an einem trockenen und sicheren Ort auf.
- Achten Sie darauf, dass Kinder keinen Zugang zum Schleifer haben.
- Sichern Sie die Stromunterbrechung durch einen extra Hauptschalter.
- Lassen Sie keine unberechtigten Personen an den Schleifapparat.

6.3 Die Einstellung des Zweiplattenschleifers und der Pendel

Die richtige Einstellung des Zweiplattenschleifers und der Pendel ist wie das Schleifen selbst von höchster Wichtigkeit. Ein noch so präziser Schleifvorgang nützt nichts, wenn Schleifer und Pendel falsch eingestellt sind. Neben einem mangelhaften Schnitterfolg verkürzt sich auch die Lebensdauer Ihres Materials, wenn Kämme oder Messer uneben abgeschliffen werden. Sie sind also entweder an einer Seite und/oder an der Spitze bzw. unteren Hälfte mehr abgeschliffen als auf der entgegengesetzten Seite.

Oben ein Pendel von Supershear und unten von der Firma Heiniger. 1 Pendelkopf, 2 Pendelstab, 3 Feststellschraube für die Verstellung der Länge, 4 Öse für den Schleifarmhaken.

Pendelkopf von vorn (Supershear-Pendel).

Pendelkopf seitlich: 1 Magnetbalken, 2 Druckbalken (etwas länger als Magnetbalken) und 3 Fixierschrauben für Haltestifte Supershear-Pendel, 4 Haltestifte.

Mit der richtigen Einstellung des Schleifers und Pendels hat man direkten Einfluss auf:

- Schnitterfolg
- Schnittdauer
- Beschaffenheit von Kamm/Messer (eben oder uneben)
- allgemeine Lebensdauer Kamm/Messer

6.3.1 Das Pendel

Beim Zweiplattenschleifer dient ein Pendel als Haltevorrichtung für den zu schleifenden Kamm bzw. Messer. Das Pendel muss bei jedem Einsatz vollständig unversehrt sein, um die Schleifobjekte sicher gegen die schnell rotierenden Platten halten zu können. Nur dadurch wird letztlich der erwünschte und ein präziser Schliff erzeugt. Bewahren Sie Pendel stets in Schutzkästen auf, wenn sie transportiert werden. Mit verschlissenen, gebogenen oder defekten Pendeln kommt kein perfekter Schliff zustande. Sie gehören unbedingt erneuert.

Während das Pendel für den EasyGrinder unveränderbar und korrekt für den Gebrauch am EasyGrinder eingestellt ist, sind die Pendel für Zweiplattenschleifer verstellbar. Die Pendelkopfhalterung muss auf Messer- bzw. Kammschliff eingestellt werden.
Die wichtigsten Teile eines Pendels sind:

- Pendelstab
- Haltestifte
- Magnetbalken
- Haltebalken
- Druckbalken

Beim Supershear-Pendel drehen Sie den unteren Teil des Pendelkopfes auf Comb für Kämme oder Cutter für Messer.

Beim Heiniger-Pendel stecken Sie den Haltegriff um.

6.3.2 Aufgaben der Pendelteile an einem variablen Pendel

Die Haltestifte und der Magnetbalken sorgen für eine Fixierung und gleich bleibende Position von Kamm und Messer während des Schleifvorgangs. Sie dienen auch der Sicherheit und müssen intakt sein, damit Messer und Kämme beim Schleifen nicht wegfliegen.

Sind die Haltestifte falsch eingestellt und stehen zu weit heraus, können diese abgeschliffen werden, liegen sie zu weit innen, besteht die Gefahr, dass Messer oder Kamm nicht fest genug gehalten werden und abfallen. Seitlich unter den Haltestiften befinden sich kleine Muttern, mit denen die Stifte gehalten werden. Sie sind leicht zu lösen, wodurch die Stifte verstellbar sind. Passen Sie die Haltestifte Ihrer Messerstärke an, indem sie weniger als zur Hälfte in die Haltelöcher des Messers reichen.

Die Haltestifte eines neu gekauften Pendels sind häufig nicht richtig eingestellt. Kontrollieren Sie das Pendel vor dem erstmaligen Gebrauch und justieren Sie die Stifte wenn nötig.

Der sogenannte Druckbalken liegt unter dem Magnetbalken. Mit ihm wird Druck auf das geschliffene Material ausgeübt. Er ist etwas länger als der Magnetbalken und sorgt dafür, dass Messer- oder Kammunterkante die Schleifplatte immer zuerst berührt.

Wichtig ist, dass der Abstand zwischen Haltestift und Druckbalken 4 mm beträgt. Ist der Abstand breiter, führt das zu vermehrtem Abschliff an den Spitzen, ist er geringer, zu vermehrtem Abschliff an der unteren Seite von Messer und Kamm. Ist der Balken an den Ecken abgeschliffen oder generell uneben, verändert sich der Druck auf Kamm oder Messer und ein guter Schliff ist nicht möglich. Das Pendel muss erneuert werden.

Mit den meisten Pendeln können sowohl Messer als auch Kämme geschliffen werden. Mit wenigen Handgriffen ist die Umstellung von Messer zu Kamm oder umgekehrt am Pendel erledigt (siehe Abbildungen linke Seite). Diese Umstellung bewirkt eine sichtbare Höhenveränderung der Haltestifte. Dadurch berühren Magnet- und Druckbalken das Messer an einem anderen Punkt als den Kamm, was wichtig ist, um die optimale Druckposition der beiden so unterschiedlichen Schleifobjekte zu erreichen.

Achtung!
- Die Pendelkopfeinstellung für Messer ist anders als für Kämme!
- Vergessen Sie die Umstellung des Pendelkopfes nicht!
- Cutter-Einstellung für Messer.
- Comb-Einstellung für Kämme.

Ideal sind zwei Pendel, eines für Messer und eines für Kämme. Die Umstellung erübrigt sich dann.

6.3.3 Die vertikale Einstellung der Schleifarme

Bei modernen Schleifapparaten können die Schleifarme zum Schutz z. B. während des Transports ineinander verschoben werden. Vor der Benutzung muss die Armhöhe wieder neu eingestellt werden. Bei Schleifapparaten mit variabler Höheneinstellung stellen Sie die gewünschte Höhe der Schleifarme ein und malen oder ritzen eine Markierung an die Arme. Wie genau hoch Sie die Arme ausfahren, ist vorerst nebensächlich, so lange das eingehängte Pendel ungefähr bis zur Feststellmutter der Schleifplatte reicht. Wichtig ist, dass Sie dann bei dieser Einstellung bleiben, um die Prozedur der Einstellung in Zukunft zu vereinfachen. Neuere Schleifgeräte haben festgelegte Höhebarrieren. Fahren Sie die Arme voll bis zum Barrierestopp aus und ziehen Sie die Feststellvorrichtung der Schleifarme fest.

6.3.4 Die Höheneinstellung des Pendels

Malen oder denken Sie sich eine gerade Linie auf Ihrer Schleifplatte, ausgehend vom Zentrum der Feststellmutter (dort ist meist eine kleine Kerbe).

Drehen Sie die Platte so, dass die Linie korrekt waagerecht auf der Kammseite steht. Stellen Sie den Pendelkopf auf Kammstellung und hängen Sie das Pendel am Pendelhaken des Schleifarmes ein. Die Höheneinstellung erfolgt nun an dem gerade herunterhängenden Pendel. Verschieben Sie das Pendel so weit zu- oder auseinander, dass der Magnetbalken am Pendelkopf genau mit Ihrer waagerechten Linie auf der Platte abschließt. Die Höheneinstellung des Pendels ist korrekt. Für die Messerseite drehen Sie den Pendelkopf auf Messerstellung. Schließt der Magnetbalken nicht automatisch mit der waagerechten Linie auf der Platte (Messerseite) ab, richten Sie das Pendel erneut danach aus.

6.3.5 Die horizontale Einstellung der Schleifarme

Die Schleifarme sind nicht nur vertikal, sondern auch horizontal ineinander verschiebbar. Mit dieser Einstellung nehmen Sie direkten Einfluss auf die Lebensdauer von Kamm und Messer. Die Weite der Schleifarme ist auf der Kammseite anders als auf der Messerseite und muss separat ermittelt werden.

Schleifarmweite für Messer:

- Stellen Sie den Pendelkopf auf Messerstellung.
- Fixieren Sie ein Messer am Pendelkopf und hängen Sie es am Schleifarm der Messerseite ein.
- Das Pendel muss schnurgerade hängen.
- Die Einstellung ist richtig, wenn das Messer flach an der Platte anliegt.

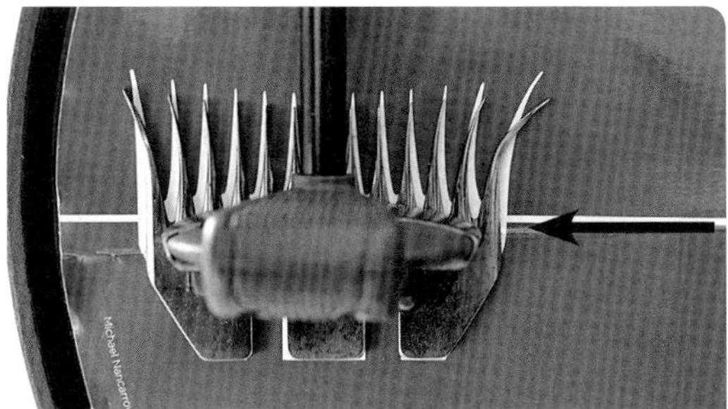

Bei der Höheneinstellung des Pendels zur Kammeinstellung richten Sie sich nach der waagerechten Linie, die vom Zentrum der Schleifplattenfeststellmutter ausgeht.

Die Einstellung der Schleifarme auf der Kammseite ist richtig, wenn der Kammgrund die Plattenoberfläche zuerst berührt und die Kammspitzen leicht nach hinten kippen. Zwischen Platte und Kammspitzen soll ein Streichholz passen.

Seitliche Armverstellung am Schleifer, hier während der Messereinstellung. Wenn das Messer die Plattenfläche flach berührt, ist die Einstellung der Schleifarme auf der Messerseite richtig.

- Schieben Sie die Schleifarme bis zur richtigen Einstellung seitlich in- oder auseinander.
- Ziehen Sie die Feststellschraube der horizontalen Schleifarme an.

Schleifarmweite für Kämme:
- Stellen Sie den Pendelkopf auf Kammstellung.
- Fixieren Sie einen Kamm am Pendelkopf und hängen Sie das Pendel am Schleifarm der Kammseite ein.
- Das Pendel muss schnurgerade hängen.
- Die Kammzähne zeigen nach oben.
- Die Einstellung ist richtig, wenn der Kamm etwa 1 cm von der Plattenoberfläche entfernt am Pendel hängt.
- Halten Sie das Pendel nun mit dem Kamm ganz leicht an die Platte. Der Kamm soll die Platte mit der Kammunterkante zuerst berühren und mit der Spitze nach hinten wegkippen.

- Schieben Sie die Schleifarme bis zur richtigen Einstellung seitlich in- oder auseinander.
- Ziehen Sie die Feststellschraube der horizontalen Schleifarme an.

6.3.6 Warum ist diese Einstellung so wichtig?

Kämme

Würde der Kamm flach anliegen (wie das Messer), würde sich die *scallop* an der Spitze schneller ausschleifen. Sie ist der Teil, der am längsten erhalten werden soll, weil sie Schnittverletzungen und Verkantungen in der Wolle und Haut minimiert und für einen angenehmen, runden Scherfluss verantwortlich ist. Ein zur Spitze geschliffener Kamm kann nur halb so lang genutzt werden.

Ein zu stark an der Basis geschliffener Kamm ist unscharf. Im fortgeschrittenen Stadium ist der untere Teil des Kammes dünner als der Spitzenteil. Er vibriert schneller und Kammschrauben können sich während der Schur lösen.

Wenn sich eine Seite des Kammes schneller als die andere abnutzt, stimmt beim Schleifvorgang die Druckausübung auf den Kamm nicht. Bei Kämmen ist das besonders tragisch, weil die *scallop* auf der vermehr abgeschliffenen Seite schneller verschwindet als auf der anderen. Der Kamm muss dann an diesen ausgeschliffenen Zähnen ständig nachgearbeitet werden, wogegen die *scallop* an der anderen Kammseite noch vorhanden ist. Dieses Nacharbeiten wäre bei einem ebenen Abschliff des Kammes noch nicht notwendig.

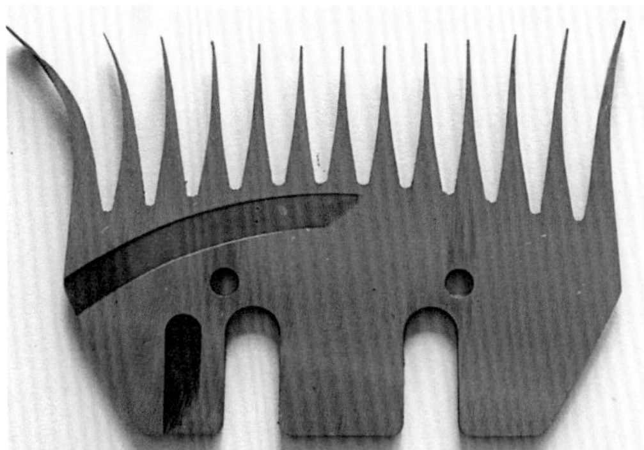

Dieser Kamm ist uneben geschliffen. An den sieben linken Zähnen können Sie noch wage die *scallop* an den Kammspitzen erkennen. An den restlichen Zähnen ist die *scalopp* vollständig ausgeschliffen. Zum weiteren Gebrauch des Kammes müssen diese Zähne an der Spitze nachgearbeitet, d. h. abgerundet werden.

Dieser Kamm ist leicht zur Kammunterseite geschliffen. Die *scallop* an den Spitzen ist noch vorhanden. Er wurde optimal ausgenutzt. Das Ausschleifen der Ölrinne hat keine grundlegenden Nachteile bei der Schur, solange keine hauchdünnen Messer verwendet werden. Die unteren Druckgabelstifte greifen dann durch das Messer und reiben auf dem Kamm.

Messer
Ähnliches gilt für Messer. Zur Spitze geschliffene Messer werden dort schneller dünn, was akut mit verminderter Lebensdauer der Messer einhergeht, weil sich dort die Haltelöcher für die oberen Druckgabelstifte des Handstückes befinden. Je dünner diese Stelle ist, umso höher ist die Gefahr, dass die oberen Druckgabelstifte beim Anziehen des Messers durch die Messer hindurchgreifen, sich zwischen den Kammzähnen verhaken und Blockaden des Handstückes hervorrufen. Die Messer sind dann unbrauchbar, selbst dann, wenn die untere Hälfte des Messers noch dick genug wäre.

Ist ein Messer an der Basis abgeschliffen, fehlt Druck an den Spitzen und die Schneidwirkung lässt nach. Außerdem greifen die unteren Druckgabelstifte durch die unteren Haltelöcher des dünnen Messers und reiben auf der Kammplatte.

Um unebenen Abschliffe vorzubeugen, achten Sie beim Schleifen auf gleichmäßige Druckausübung auf das Messer und auf ihre Körperhaltung vor dem Schleifer.

6.4 Das Schleifen mit Pendel

Die Druckausrichtung auf die zu schleifenden Kämme und Messer ist ausschlaggebend für ein scharfes Resultat. Jeder von uns ist von Natur aus unterschiedlich kräftig. Beim Schleifen muss die persönliche Veranlagung so angeglichen werden, dass unter Ausübung eines forschen Druckes, scharfe Messer und Kämme hervorgehen, aber ohne dass sie glühen.

6.4.1 Vor dem Schleifen

Messer und Kämme müssen vor dem Schleifen gereinigt werden. Sie müssen frei von abgesetztem Schmutz oder Wolle in den Messerspitzen und den Zahnzwischenräumen sein. Das verlängert die Haltbarkeit des Schleifpapiers und unterstützt einen frischen Scherstart.

Checkliste direkt vor dem Schleifen!!

- Steht der Schleifer fest und sicher?
- Ist das Stromkabel nicht im Weg und weit genug von den rotierenden Platten entfernt?
- Sind die Platten fest angezogen?
- Klebt das Papier richtig?
- Sind die Haltestifte am Pendel lang genug, dass sie Kämme/Messer ausreichend fassen?
- Tragen Sie eine Schutzbrille und Gehörschutz?
- Befindet sich wirklich niemand in der „Flugschneise“ des Schleifers?
- Lassen Sie den Schleifer nie unbeaufsichtigt laufen!

Stehen Sie gerade vor dem Schleifer.
Die freie Hand liegt am Schleifarmhaken zur Sicherung des Pendels. Festes Schuhwerk ist Pflicht, denn herunterfallende Messer und Kämme können Schnittwunden an den Füßen verursachen. Tragen Sie eine Schutzbrille und Gehörschutz.

Achten Sie immer auf Ihre eigene Sicherheit und die anderer, wenn Sie schleifen. Schleifen Sie immer nach dem gleichen Muster und nach Möglichkeit immer auf demselben Schleifer. Die unterschiedliche Einstellung eines fremden Schleifers zerstört das eingefahrene Schleifmuster an Ihrem Material, was zu Beeinträchtigungen Ihres Schnitterfolges führen kann.

6.4.2 Schleifen des Kammes

Stellen Sie Ihr Pendel auf Kammgebrauch, indem Sie je nach Pendelart den Pendelkopf auf Comb-Stellung drehen (Supershear-Pendel) oder den Haltegriff herauslösen und ihn auf der gegenüberliegenden Comb-Seite einstecken (Heiniger-Pendel). Beim EasyGrinder verstellen Sie den Pendelhaltebolzen auf Comb. Am Pendel direkt sind keine Veränderungen nötig.

- Stehen Sie gerade und in leichter Schrittstellung (rechter Fuß vorn) vor dem Schleifer.
- Umfassen Sie mit Ihrer freien Hand die Pendelöse am Pendelhaken des Schleifarmes.
- Der Kamm muss sicher an den Haltestiften fixiert sein. Die Schneidfläche zeigt zur Schleifplatte.
- Drücken Sie den Kamm mit Druck gegen die Platte. Beginnen Sie von der Innenseite.
- Bewegen Sie den Kamm 3- bis 5-mal mit gleichmäßigem Druck über die Platte, bis gleichmäßig Funken über den Kamm fliegen.
- Fahren Sie dabei mit drei Zähnen über den äußeren Plattenrand hinaus.
- Nutzten Sie die Plattenfläche komplett aus.
- Halten Sie den Kamm vor dem Abnehmen für 1–2 Sekunden ruhig in senkrechter Pendelposition (2–3 cm vom Plattenrand entfernt).
- Die Position ist richtig, wenn die Funken senkrecht über dem Kamm hochfliegen.
- Nehmen Sie den Kamm gerade von der Platte ab.

Häufige Fehler:
- Schräge Körperstellung zum Schleifapparat.
- Linker Fuß vorn.
- Ungleichmäßiger Schleifdruck macht Kämme uneben.
- Zu wenig Druck macht das Schleifpapier schneller unbrauchbar.
- Zu viel Druck erhitzt den Stahl.

6.4.3 Ist der Kamm scharf und hat er einen Hohlschliff?

Visuelle Prüfung
- Drehen Sie den Kamm mit der Oberseite zu sich her und schauen Sie auf die Basis der Zähne. Bei einem scharfen Kamm ist dort ein fussliger Metallgrat zu erkennen.

Hohlschliffprüfung
- Halten Sie den Kamm flach in Augenhöhe. Legen Sie ein Lineal oder Bleistift auf die Mitte der Schneidfläche. Bei einer leichten Innenwölbung im Zentrum des Kammes (korrekter Hohlschliff) scheint mehr Licht durch den Wölbungsbereich.
- Hohlschliffprüfung auf dem Silikonkarbid-Stein

Praktische Prüfung
- Schnittfähigkeit: Der Kamm muss fühlbar gut fließen.
- Schnittbild.

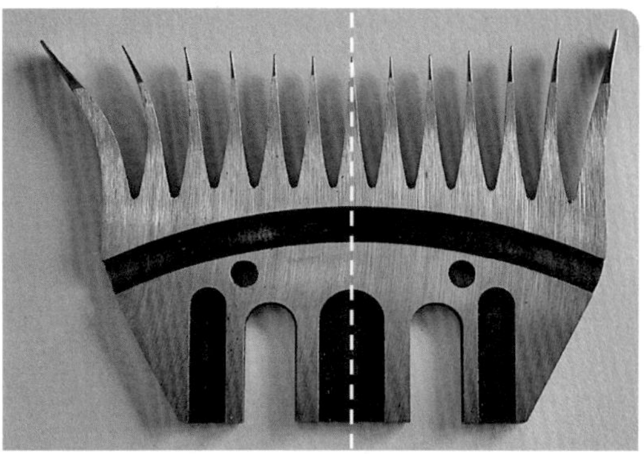

Ein durchgeschliffener Kamm glänzt an jeder Stelle der Schneidefläche.
Stimmt Ihre Schleifer- und Pendeleinstellung, sollte das Schleifbild gerade Linien an der Basis des mittleren Zahnes anzeigen.

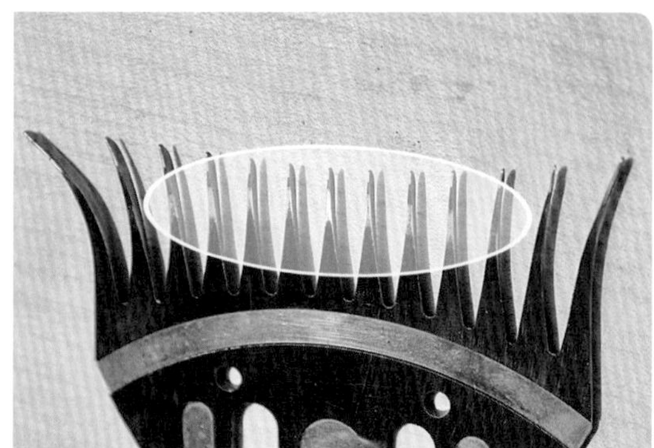

Ein nicht durchgeschliffener Kamm hat klar sichtbare matte Stellen oder weiße Linien an den Rändern und auf den Schneidflächen der Zähne im oberen Bereich.

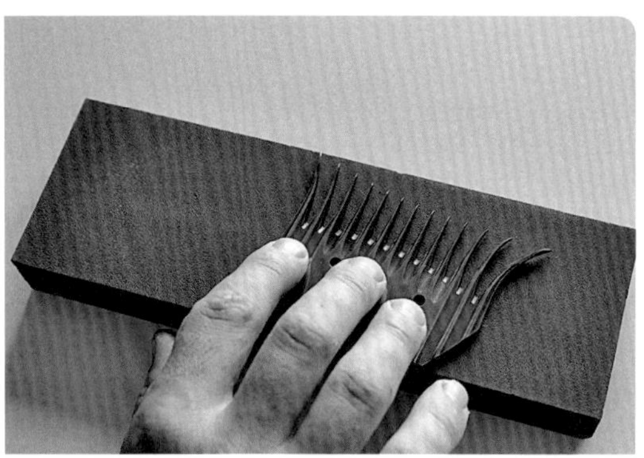

Die Überprüfung des Hohlschliffes mit einem Silikonkarbid-Stein. Reiben Sie den geschliffenen Kamm mit der Schneidflächenseite flach auf dem Stein.

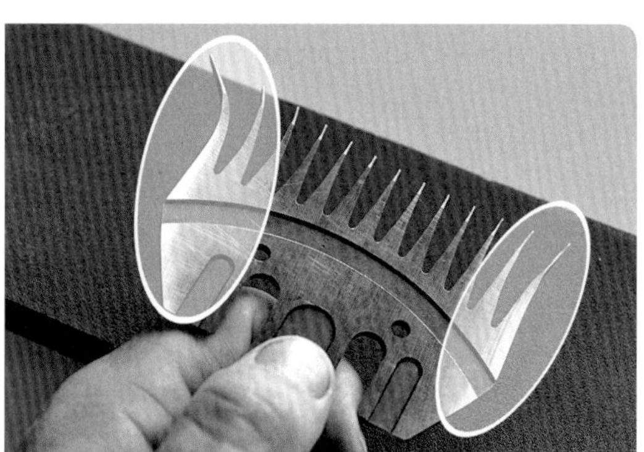

Der Kamm hat einen Hohlschliff, wenn die äußeren Bereiche des Kammes Abriebspuren zeigen.

6.4.4 Schleifen der Messer

Ihr Handstück funktioniert besser und hält länger, wenn Sie nur eine Partie Messer für ein Handstück benutzen und diese gleichmäßig in ihrem Gebrauch rotieren. Ideal ist ein separates Pendel, welches Sie nur für Messer verwenden. Ist keines vorhanden, stellen Sie Ihr Pendel auf Messergebrauch um, indem Sie je nach Pendelart den Pendelkopf einmal um 180° drehen (Supershear-Pendel) oder den Haltegriff herauslösen und ihn auf der entgegen gesetzten Seite einstecken (Heiniger-Pendel). Beim EasyGrinder verstellen Sie den Pendelhaltebolzen auf Cutter. Am Pendel direkt sind keine Veränderungen nötig.

- Ihre Schultern sollen parallel zum Schleifgerät und Ihr rechter Fuß vorgesetzt sein.
- Umfassen Sie mit Ihrer freien Hand die Pendelöse am Pendelhaken des Schleifarmes.
- Üben Sie gleichmäßigen, aber nicht zu festen Druck auf das Messer aus. Beginnen Sie an der Innenseite.
- Schieben Sie das Messer 2- bis 3-mal über das Papier, bis die Funken über dem Messer gleichmäßig gerade sind.
- Halten Sie es für eine Sekunde ruhig bei geradem Funkenflug über dem Messer, bevor Sie es abnehmen.

Häufige Fehler:
- Schräge Körperstellung vor den Platten.
- Unebener Schleifdruck macht Messer auf einer Seite dicker als auf der anderen.
- Zu viel Schleifdruck erzeugt Hitze. Die Messerspitzen beginnen zu glühen und werden lila-schwarz. Das Material wird weich, anfällig und verliert schneller an Schärfe.
- Zu wenig Druck – die Messer sind nicht scharf.
- Variierender Schleifstil führt zu unterschiedlich starken Messern einer Partie.

6.4.5 Ist das Messer scharf?

Visuelle Prüfung
- Bei geeignetem Licht schauen Sie auf die Spitzen:
  Nicht durchgeschliffene Messer haben stumpf scheinende Spitzen.
- Ein scharfes Messer glänzt durchgehend.
- Scharfe Messer haben Metallfussel auf den Messerspitzen.
- Im Zentrum des Messers sind gerade Schleiflinien zu sehen.
- Halten Sie eine Handvoll geschliffene Messer in die Sonne:
  Schauen Sie auf die geschliffene Seite.

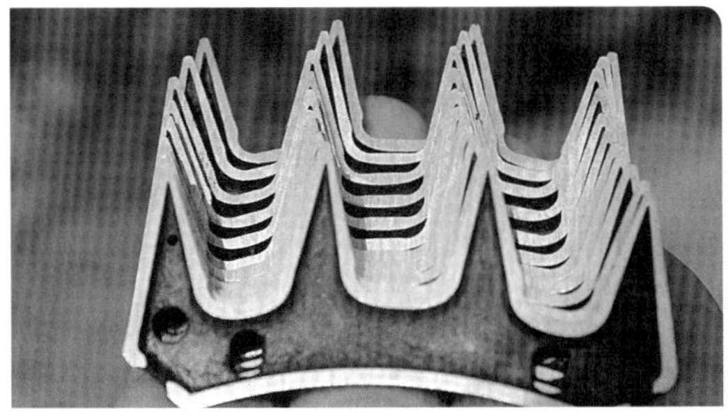

In gutem Licht muss die Schleiffläche komplett über die ganze Fläche glänzen und die Schleiflinien im Zentrum müssen gerade sein.

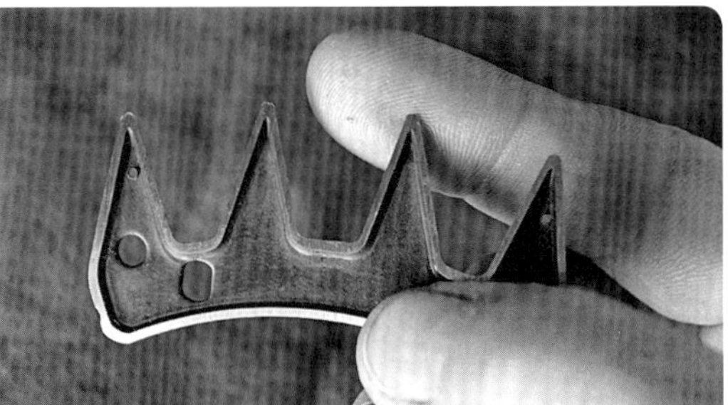

Fühlt man an der Spitze von der Unterseite hoch einen kleinen Grat, ist das Messer scharf.

Hinweis
Scharfe Messer sind Leistungsbringer. Mit scharfen Messern kann ein stumpf werdender Kamm wettgemacht werden. Mit einem stumpfen Messer ist allerdings kein ordentlicher Schnitt mehr möglich.

Nicht durchgeschliffene Spitzen sind stumpf und heben sich von den glänzenden (durchgeschliffenen) sichtbar ab.

Praktische Prüfung

- Ihr Werkzeug ist scharf, wenn es beim Hin- und Herschieben Ihres fertig eingestellten Handstückes zwischen Messer und Kamm knirscht.
- Schnittbild: Ist ein Zahn nicht scharf, bleibt auf dem Schaf ein Wollstreifen stehen.
- Beim Scheren ist ein deutlicher Widerstand zu spüren.
- Oft schlagende Schafe sind ein Indikator für unscharfes Material.
- Das Handstück beginnt zu rattern.

6.5 Schleifer und Plattenpflege

Ohne sorgfältige Pflege der benutzten Materialien kann auf Dauer kein gutes Ergebnis erzielt werden.

6.5.1 Die Papierpflege

Schleifen Sie grundsätzlich nur gereinigte Kämme und Messer und wechseln Sie das Papier an Ihrem Schleifer regelmäßig. Schleifen auf schlechtem Papier dauert nicht nur länger, es bringt auch unzureichende Schleifergebnisse.

Nach dem Schleifen sollten Sie das benutzte Papier mit einer Drahtbürste oder einem speziellen Säuberungsstein mit wenig Druck auf dem Papier, während die Platten rotieren. An stillstehenden Platten wird ein Gummiblock benutzt. Damit reibt man den Metallstaub hervorragend aus den Sandzwischenräumen heraus. Schleifen Sie immer unter trockenen Bedingungen und lassen Sie den Schleifer nie im Regen oder in feuchter Umgebung stehen. Sandpapier muss immer trocken und eben gelagert werden.

Der Gummiblock reibt Metallstaub effektiv aus dem Sandpapier. Verwenden Sie Ihn an stillstehenden Platten.

6.5.2 Der Papierwechsel

Ziehen Sie das gebrauchte Papier von den Platten ab und reinigen Sie diese. Jedes kleinste Korn oder etwaiger Kleberrückstand auf der Platte kann Wölbungen am neu angeklebten Papiers bewirken.

Kleben Sie nicht im direkten Sonnenlicht, bei starkem Wind oder wenn die Platten heiß sind. Der Kleber würde sonst zu schnell trocken und das Papier nicht haften. In jedem Fall sollte der Klebeprozess schnell erfolgen. Um den Klebevorgang zu beschleunigen, stecken Sie die Kammplatten bereits auf die Spannschraube und verteilen Sie den Kleber zunächst nur auf der Kammplatte. Sorgen Sie dafür, dass der Kleber ebenmäßig, ohne freie Stellen oder Häufchen auf der Platte, verteilt wird. Legen Sie nun das Kammpapier auf, sofort danach die Zwischenplatte und das Messerpapier mit der Sandseite zur Zwischenplatte zeigend. Jetzt erst bestreichen Sie die Messerplatte mit Kleber und legen es auf das Messerpapier. Ziehen Sie die Platten mit der Heftmutter fest zusammen. Lassen Sie die Platten vor dem nächsten Gebrauch mindestens zwei Stunden stehen, damit der Kleber vollständig trocknen kann.

Beim EasyGrinder benutzt man selbst klebendes Papier. Nutzen Sie beim Klebevorgang die Zentrierhülse, um eine genau mittige Beklebung der Platte zu erreichen. Achten Sie auf die gleichmäßige Haftung des Schleifpapiers auf der Platte.

Sandsturm!

Im Sommer 2010 waren die Schafe nach einem riesigen Sandsturm in Australien in bestimmten Gegenden so voller Sand, dass wir zum Scheren eines Schafes drei Messer brauchten und nahezu alle fünfzehn Minuten einen neuen Kamm. In jeder Pause musste geschliffen werden, was einen täglichen Papierwechsel notwendig machte. Es war außerdem ein ausgesprochen heißer Sommer, und die Schleifplatten kühlten sich nie ab. Neues Papier musste äußerst schnell und immer zu zweit aufgezogen werden, weil der Kleber zu schnell trocknete und trotzdem flog das Papier während des Schleifens häufig weg. Sehr lästig ...

6.5.3 Die Aufbewahrung des Schleifapparates

Wenn Sie lange nicht schleifen, nehmen Sie die Platten vom Schleifer ab und lagern sie an einem trockenen Ort. Der Schleifer kann mit einem Tuch, Bettlaken oder einer Plastikhülle vor Staub und Luftfeuchtigkeit geschützt werden. Wird der Schleifer transportiert, bringen Sie die Arme in Transportstellung. Tragen Sie den Schleifer nie an den Schleifarmen und sorgen Sie für einen sicheren Stand während des Transports. Vermeiden Sie groben Umgang. Kleinste Stauchungen und Verbiegungen führen zu ungenauen Einstellungen und mangelhaftem Schliff. Die Platten dürfen keine Verformungen haben, ansonsten müssen sie von einem Spezialisten neu gefertigt und ausbalanciert werden.

6.6 Der Tellerschleifer

Tellerschleifer sind in Deutschland zum Schleifen von Schafscher-Utensilien weit verbreitet. Eine Tellerplatte wird an einem separaten Motor angedockt – sie läuft horizontal. Anders als beim Plattenschleifer gibt es für diese Schleifmethode keinen Pendel zur präzisen Fixierung und Einstellung der Kämme sowie Messer. Die Mehrheit der Benutzer hält ihr Material frei mit der Hand. Alternativ dazu gibt es auch für das Tellerschleifen eine Magnethalterung, ähnlich dem Pendelkopf eines Pendels, an dem Messer oder Kämme geheftet und per Hand über die Platte bewegt werden können.

Die Platten unterscheiden sich im Metall, aus dem sie hergestellt sind, und in der Größe. Die gebräuchlichsten Platten sind aus gehärtetem Edelstahl. Aluminium- und Kupferplatten liefern einen hervorragenden Schliff, sind aber sehr anfällig, weil es weiche Metalle sind. Alle Platten sind konkav abgedreht und mit Rillen auf den Oberflächen versehen.

6.6.1 Schleifen mit dem Tellerschleifer

Vor dem Schleifen wird sandähnlicher Schmirgel gleichmäßig auf die Platten verteilt und eingerieben. Der Schmirgel ist als Stangenschmirgel in Rollen erhältlich.

Tellerschleifer mit einer großen Platte.

Freihandschleifen auf dem Tellerschleifer.

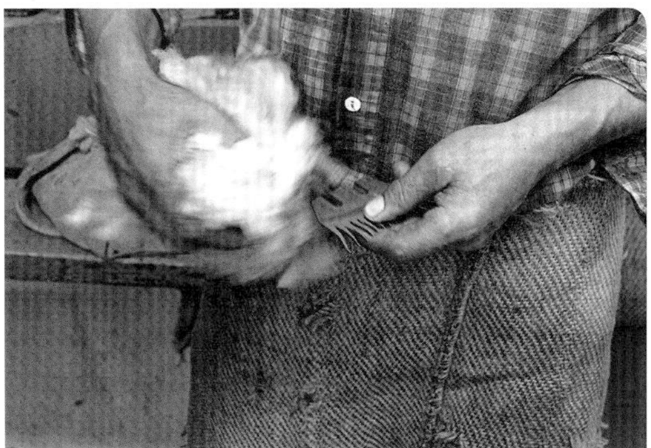
Reinigen Sie den Kamm nach dem Schleifen mit Wolle, um Schleifstaub und Schmirgel zu entfernen.

Da es für diese Art von Schleifen keine Hilfsmittel gibt, sind genaue Angaben über Höhe und Weite nicht möglich. Das Schleifen mit dem Tellerschleifer ist eine „Gefühlssache", die geübt werden und bei der man als Anfänger Geduld haben muss, um gute Resultate zu erzielen.

Generell gilt:
- Bringen Sie Kamm oder Messer so eben wie möglich auf die Platte.
- Schleifen Sie so eben wie möglich.
- Bewegen Sie Kamm oder Messer auf dem äußeren Plattenradius mehrere Male hin und her.
- Vor dem Abnehmen halten Sie Kamm und Messer kurz an der festgelegten Endstelle.
- Beim Abnehmen achten Sie auf schnelles und ebenes Abnehmen, sodass keine äußeren Kanten oder Abschliffe entstehen.
- Wird der Magnet benutzt, heben Sie ihn gerade nach oben ab.
- Reinigen Sie Kamm oder Messer nach dem Schleifen am besten mit Wolle. So entfernen Sie Metallstaub und Schmirgel.

6.7 Die Pflege der Platte

Reinigen Sie die Platte nicht mit einer Drahtbürste, denn das zerstört bei starker Druckausübung die Rillen auf der Oberfläche. Benutzen Sie besser für Metalle vorgesehene Reinigungssprays und reinigen Sie die Platte mithilfe eines Tuches. Transportieren Sie die Platte immer eingehüllt, sicher, fest und frei liegend. Ein grober Umgang muss unbedingt vermieden werden. Das beeinträchtigt die Rotation und führt daher dazu, dass die Platte nicht mehr rund läuft. Mangelhafte Schleifergebnisse sind die Folge.

Das Schaf hat mich mein ganzes Leben lang begleitet und ernährt.

Wolfgang Koepke (1959)
Thüringen

Wolfgang ist seit über 30 Jahren Schafscherer. Er nimmt regelmäßig an internationalen Wettkämpfen und den Deutschen Meisterschaften teil. 2013 wurde er in Bayern mit der besonderen Auszeichnung für die beste Qualität aller teilnehmenden Scherer aus ganz Deutschland ausgezeichnet.

Wolfgang Koepke ist routinierter Bankscherer und rühriger Geschäftsmann. Die drei Standbeine, mit denen er seinen Lebensunterhalt verdient, sind zweifellos das Resultat eines bewegten Lebens. Zu den arbeitsintensivsten Zeiten im Jahr sagt er: *„Da teile ich mit meiner Frau nur die Klinke der Haustür."*

Wolfgang ist mit Schafen aufgewachsen. Sowohl sein Vater als auch sein Großvater konnten scheren. Nach einer Schäferausbildung begann Wolfgang 1979 als Haupterwerbsscherer in der DDR. Vorrangig schor er im Kreis Grimma/Sachsen und kam auf ungefähr 15 000–16 000 Schafe im Jahr, 1987 besetzte er die Stelle als Berufsscherer in der Landwirtschaftlichen Produktionsgenossenschaft (LPG) Schmalkalden im Thüringer Wald, die alleine 10 000 Schafe hielt. Daheim hielt er seit jeher eine kleine Herde Schafe.

Mit dem Ende der DDR stellte sich auch für Wolfgang die Frage, wie es weitergehen sollte. Er entschied sich, weiter als Schafscherer tätig zu sein. *„Man musste sich ganz schön rühren und fleißig sein."* Er baute sich einen Kundenstamm auf, der über die Grenzen Thüringens hinaus ging. Dank leichter zu scherenden Schafen und besser verfügbarem Schermaterial schor er nun weit mehr Schafe im Jahr als zuvor. Als Mitte der 1990er-Jahre der ehemalige Volkseigene Betrieb (VEB) „Tierische Rohstoffe" in Leipzig ein Lager mit russischem Schermaterial zum Verkauf bot, kaufte Wolfgang es. Nach und nach entwickelte sich ein kleiner Schermaterialhandel und Reparaturservice als weiteres Standbein. Fünf Jahre nach der Wende gönnte er sich erstmals selbst eine Heiniger-Maschine, die damals ungefähr 1600 D-Mark kostete, denn seine Devise als Verkäufer ist: *„Ich kann ja nur verkaufen, wenn ich weiß, was ich verkaufe."*

Auch dem Schäferberuf blieb er treu und erweiterte seine eigene Herde beständig.

Heute hält er 100 Gotland Schafe, aus deren Wolle in einer bayrischen Tuchfabrik Walklocken hergestellt werden. Daraus stellt seine Frau Angelika hochwertige Jacken, Mäntel und Capes her. Tochter Marie besitzt in Köln ein Atelier als Kürschnermeisterin. Sie verarbeitet die heimatlichen Felle aus dem Thüringer Wald zu modischer Designerkleidung. Dieses dritte Standbein rechnet sich nur als Familienunternehmen, *„weil wir alles selbst machen"*, wie Wolfgang sagt. Ein Großteil des Verkaufs läuft über Märkte und Handwerker-Events deutschlandweit, international und direkt aus den Ateliers in Thüringen und Köln.

Der Schafe wegen muss immer jemand daheim sein. Ist Wolfgang für mehrere Tage zum Schafescheren unterwegs, organisiert er seine Schafe auf diese Tage im Voraus. Kommt er heim, wartet seine Frau Angelika nicht selten bereits mit gepackten Taschen, damit sie ihrerseits losziehen kann, um die wollenen Produkte der heimischen Schafe zu verkaufen.

Was genießt du als Schafscherer am meisten?

... die Freiheit.

... Leute zu treffen.

... die Herausforderung.

... wenn man Schafscherer ist, lange Schafscherer, bekommt man eine gute Menschenkenntnis durch die vielen Leute, die du triffst, die verschiedenen Charaktere. Man weiß Leute besser zu deuten.

Was gefällt dir als Schafscherer überhaupt nicht?

... kann ich gar nicht sagen, Negatives vergisst du irgendwie, man ist mit allen Schwierigkeiten fertig geworden.

Was macht aus deiner Sicht einen guten Schafscherer aus?

... Zuverlässigkeit.

... Pünktlichkeit.

... Beständigkeit.

7 Du bist, was du isst – Ernährung und Fitness

Die Mehrheit aller Scherer schenken der Ernährung zu wenig Aufmerksamkeit und sind sich nicht bewusst, dass sie mit ihrer Arbeit dem Energieverbrauch eines Leistungssportlers nahe kommen. Allen voran die Bodenscherer: Sie arbeiten ständig mit Ganzkörpereinsatz.

Aber auch das Gehirn verbraucht Energie. Denn Konzentration ist für eine gute Schur genauso wichtig. Regelmäßige Nahrungsaufnahme, eine gesunde Lebensart und ausgleichende sportliche Betätigung helfen dem Körper, dauerhaft leistungsbereit zu sein.

Eine unzureichende Nahrungs- und Flüssigkeitsaufnahme während des Scherens führt zu Ermüdungserscheinungen, Konzentrationsschwäche und Dehydration. Pausen zum Essen und zur Muskelerholung sollten fester Bestandteil eines Schertages sein.

7.1 Trinken und Flüssigkeiten

Wasser ist **das** Überlebenselixier. Durch die Anstrengung beim Scheren verlieren Scherer an heißen Tagen mehrere Liter Schweiß.

Der Schweiß ist das Kühlmittel unseres Körpers und schützt vor Überhitzung. Mit ihm gehen Wasser, wichtige Mineralstoffe und Spurenelemente verloren, die dem Körper ohnehin nur in geringen Mengen zur Verfügung stehen.

Muskelzellen funktionieren im Austausch von Kalzium, Natrium, Magnesium und Kalium-Ionen. Im Verlaufe eines Schertages werden viele dieser Ionen mit dem Schweiß ausgeschwemmt, wodurch das Depot im Körper kleiner wird, Muskeln träge werden und Ermüdungserscheinungen auftreten.

Wichtig ist nicht nur, wie viel getrunken wird, sondern auch was. Mineralwasser mit einem hohen Mineralgehalt und zuckerarme, isotonische Getränke wirken der Depotentleerung entgegen.

Nicht genug zu trinken, kann für den Körper fatale Folgen haben, denn schon kleinste Dehydrationserscheinungen sind unangenehm. Mangelnder Flüssigkeitsnachschub von außen kompensiert der Körper mit dem Entzug von Flüssigkeit aus körpereigenen Flüssigkeiten, wie Hirnwasser, Blut, Lymph- und Gewebsflüssigkeit. Diese dicken ein, fließen und arbeiten langsamer. Kopfschmerzen, Krämpfe und Schwindel sind die ersten Anzeichen beginnender Stoffwechselstörungen, die zu Kreislaufversagen führen können.

Mehrere Liter, vorzüglich gutes Mineralwasser, sind ein Muss für jeden Scherer während eines Schertages. Häufige und kleine Flüssigkeitsportionen sind besser als wenige große.

Zuckerhaltige Getränke sollten nur als Begleitgetränk konsumiert werden. Der angeregte Gusto verlangt ständig nach mehr Süßem, wodurch dem Körper große Mengen an Zucker zugeführt werden. Sie fördern die Insulinausschüttung, stoppen die Fettverbrennung und die Energielieferung aus dieser. Der Körper wird gezwungen, auf seine wertvollen Nahrungsreserven zurückgreifen, die nun schneller verbraucht werden. Dadurch sinkt die Leistungsausdauer und der Körper verlangt nach mehr Nahrung.

7.2 Kohlenhydrate – die wahren Energielieferanten

Kohlenhydrate erbringen über 50 % des Leistungsbedarfes. Stärke, Cellulose, Fruktose, Milchzucker oder Malzzucker sind Kohlenhydratverbindungen, deren kleinste Einheit Zucker ist. Sie kommen in Kartoffeln, Reis, Teigwaren, Getreide, Gemüse und Obst vor. Der Speiseplan eines hart arbeitenden Menschen sollte von kohlenhydratreicher Kost bestimmt sein. Der Körper kann Kohlenhydrate in Form von Glykogen gut speichern und bei körperlicher Belastung in Energie umwandeln. Die Speicherkapazität im Körper kann bewusst beeinflusst werden. Körperlich schwer arbeitende Menschen oder Leistungssportler, die ihre Energiedefizite durch kohlenhydratreiche Nahrung ersetzen, haben deutliche größere Glykogenspeicher. Sie profitieren von höherer und andauernder Energiebereitstellung im Gegensatz zu Untrainierten mit geringerer Glykogenspeicherkapazität. Jeder weiß, dass bestimmte Nahrung lange und schwer im Magen liegen kann. Besonders beim Scheren ist das unangenehm und hinderlich.

Kohlenhydratreiche Nahrung ist je nach Garzustand leicht oder schwerer verdaulich und dementsprechend schnell oder langsam als

Nahrungsvorschläge für einen Schertag:

Zur schnellen Energiebereitstellung:
- Brötchen, Weißbrot mit Beilagen
- Müsli, Cornflakes mit Milch, Joghurt und Obst
- Gebackene, gekochte Kartoffeln
- gekochtes Gemüse
- fettarmes gegartes Fleisch in geringen Mengen
- Obst und Trockenobst
- Kuchen, Kekse
- Bananen
- Malzbier

Zur langsamen, aber dauerhaften Auffüllung der Kohlenhydratspeicher nach getaner Arbeit eignen sich:
- Vollkornbrot und Vollkornprodukte
- Nudeln, Reis, Kartoffeln in maßvoller Kombination mit eiweißreichem fettarmem Fleisch (Rind, Wild, Schaf)
- rohes Gemüse
- Hülsenfrüchte
- Salate

Energie verfügbar. Auch wenn Sie kein Fanatiker bezüglich gesunder Ernährung sind, kann es nützlich sein, kurz darüber nachzudenken.

Deshalb eignet sich für einen Schertag leichte und schnell verdauliche Nahrung, die zügig Energie liefert. Kohlenhydratreiche Kost wandelt sich während und nach körperlicher Belastung wegen der erhöhten Enzymtätigkeit im Körper effektiver um als sonst. Aus diesem Grunde sind Kohlenhydrate der Schlüssel für Leistung.

7.3 Proteine

Tipp!
Für dauerhafte Leistungsbereitschaft: kohlenhydratreiche Kost zur Energieerzeugung, eiweißreiche Kost zum Aufrechterhalten aller Körperfunktionen, Muskelregeneration- und aufbau.

Eiweiße sind keine direkten Energielieferanten. Sie sind für Aufbau- und Erhaltungsfunktionen des Körpers zuständig. Sie sind verantwortlich für ein stabiles Immunsystem, aktive Enzymtätigkeit, Hormonbildung und das Regenerieren und Wachstum von Muskeln. Der Körper greift nur dann auf Eiweißreserven für die Energieerzeugung (höchstens 10–15 %) zurück, wenn er keine Kohlenhydrate mehr aus der aktiven Nahrungsaufnahme zur Verfügung hat. Darunter leidet in erster Linie das Immunsystem und in weiterer Folge wird Muskelmasse abgebaut.

Nur unzureichend regenerieren sich beanspruchte Muskeln bei mangelnder Erholung und Proteinzufuhr aus „rotem" Fleisch wie Rind, Wild, Schaf (nicht Schwein), Milchprodukten und Hülsenfrüchten.

Die Kombination aus kohlenhydrat- und proteinreicher Kost unterstützt deren Wirksamkeit.
Hier ein paar Beispiele:

- Getreide, Milchprodukte (Müsli, Nüsse, Haferflocken mit Milch, Joghurt)
- Kartoffeln, Gemüse mit Hülsenfrüchten (Linsen-, Bohnen, Erbsensuppe)
- Getreide mit Eiern (Rühr- oder Spiegelei auf Brot)
- Kartoffeln, Gemüse mit Ei (Bauernfrühstück, Omelett)
- Pellkartoffeln mit Quark
- Pasta Bolognese
- Chilli con carne

7.4 Fette

Der Körper kann bis zu 30 % Energie aus Fetten gewinnen. Für Leistungssportler und körperlich arbeitende Menschen dienen Fettdepots allerdings nicht als Hauptenergielieferant, weil kohlenhydratkonzentrierte Kost die Fettverbrennung vorerst drosselt.

Zu viel Fetteinlagerungen in den Zellen und um Muskeln, Gewebe und Organe verlangsamen die Leistung und beeinträchtigen die Bewegungsaktivität.

Fette sind jedoch die Basis für fettlösliche Vitamine. Außerdem schützen sie den Körper vor Kälte und Organe.

In der Nahrung sind Fette Geschmacksträger. Der Verzehr von fettreichem Fleisch und fettreicher Wurst sollte aber trotzdem minimal sein. Die sogenannten ungesättigten Fettsäuren sind dagegen durchaus auf dem Speiseplan erwünscht, weil der Körper sie selbst nicht herstellen kann.
Ungesättigte Fettsäuren sind enthalten in:
- Fisch (Omega-Fette),
- Avocados,
- Olivenöl,
- Nüssen.

7.5 Vitamine

Vitamine können vom Körper nicht selbst hergestellt werden. Sie unterstützen und regulieren alle Stoffwechselvorgänge unseres Körpers. Die Auffüllung verbrauchter Depots ist wichtig, um diese Vorgänge im Körper aufrechtzuerhalten. Eine erhöhte Vitaminzufuhr führt im Körper allerdings nicht zu erhöhten oder besseren Stoffwechselvorgängen, da Vitamine nur in ganz bestimmten Mengen vom Körper gespeichert und gehalten werden können. Deshalb müssen sie regelmäßig und bewusst ersetzt werden.

7.6 Spurenelemente und Mineralstoffe

Mineralstoffe sind zur Ergänzung und der Körperfunktionen ebenso wichtig. Muskelkrämpfe und Herzschmerzen können bei schwer arbeitenden Menschen z. B. von einem Magnesiummangel herrühren.

Magnesium ist in allem enthalten, was Grün ist, wie beispielsweise Salat, Spinat oder Bohnen. Viele Schafscherer leiden an Magnesiummangel, ohne es zu merken. Erst wenn unangenehme Muskelkrämpfe während der Arbeit oder in der Nacht auftreten, wird der Mangel wahrgenommen. Diverse Magnesiumprodukte in Tabletten- oder Pulverform sind in Apotheken und Drogerien rezeptfrei erhältlich.

Ein weiteres wichtiges Mineral zur Unterstützung der Leistung ist Eisen. Es kommt in den roten Blutkörperchen, dem Hämoglobin, vor. Diese transportieren Sauerstoff im Blut und durch den Körper. Je höher der Sauerstoffanteil im Blut ist, desto leistungsfähiger ist der Körper. Der Körper kann nur sehr geringe Mengen an Eisen aus der Nahrung herausziehen und verwerten. Vorwiegend leiden Frauen an Eisenmangel, und sie sollten darum auf eisenreiche Kost achten.
Eisenreiche Nahrungsmittel sind:
- Trockenobst (Aprikosen),
- Milchprodukte,
- Spinat,
- Hirse.

Faustregeln:
Essen Sie regelmäßig alle 2–3 Stunden, **bevor** Ermüdung und Unterzuckerungserscheinungen auftreten.

Trinken Sie reichlich Mineralwasser während und nach der Arbeit; vermeiden Sie zuckerhaltige Getränke.

Ungesüßte Tees sind am Abend ideal. Grüner Tee hat z. B. einen hohen Anteil an Antioxidantien. Sie binden freie und gefährliche Körperradikale.

Essen Sie Kohlenhydrate, um Ihre Energiespeicher aufzufüllen. Proteinzufuhr durch „rotes" Fleisch (Rind, Wild) zur Muskelregeneration und -aufbau.

Vitamin- und Mineralstoffzufuhr durch Obst und Gemüse. Jeden Tag etwas Frisches.

7.7 Körperübungen

Zu Arbeitsbeginn am Morgen sind die Muskeln kalt, starr und weniger flexibel als nach körperlicher Betätigung. Solange der Körper und die Muskeln in diesem Zustand sind, erhöht sich bei unerwartet ruckartigen Bewegungen die Gefahr von Zerrungen. Aufwärmübungen am Morgen unterstützen den Körper dabei, schneller „in Gang" zu kommen und Übungen nach der Arbeit, um wieder „herunterzufahren" und zu regenerieren.

Aufwärmübungen vor der Schur

- Armschwingen
- Kopfpendeln
- Körperdehnungen
- Handgelenke drehen
- auf der Stelle laufen
- auf der Stelle springen

Unterarm- und Handgelenkdehnung.

Rücken- und Hüftdehnung.

Übungen nach der Schur

Nach der Schur helfen vor allem Dehnübungengen, Körperspannungen abzubauen und die Muskeln zu lockern. Das muss nicht lange dauern. Bauen Sie diese Übungen einfach in den täglichen Scherrhythmus mit ein: Nachdem das letzte Schaf geschoren ist und noch bevor der Stand abgebaut wird.

Bewegung nach der Schur, und sei es nur ein kurzer Spaziergang, fördert die Ausfuhr von toxischen Stoffen aus der Wirbelsäule und die Körperentspannung.

- auf dem Rücken liegend: Knieschwingen zu beiden Seiten
- Knie zur Brust anziehen
- Embryostellung
- Unterarmdehnung
- im Stehen Fuß zum Hinterteil ziehen und entgegengesetzten Arm hochhalten
- Windmühle
- Armschwingen

Hand- und Schulterdehnung.

Bein- und Rückendehnung.

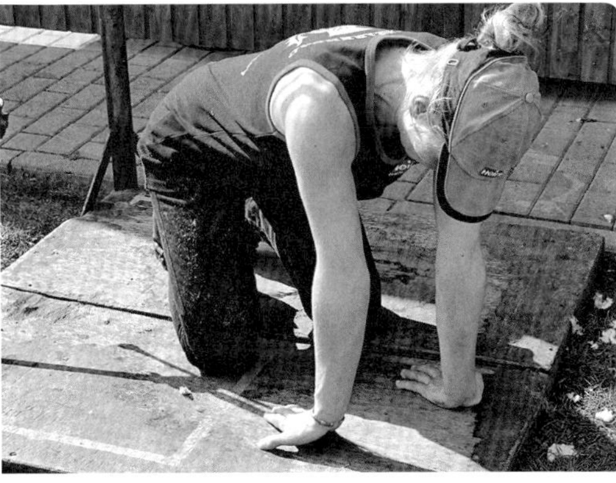

Unterarmdehnung.

Ursachen für Schmerzen

Ursachen, die Schmerzen im **unteren Bereich des Rückens** verursachen können:

- Falsche Höhe der Rückenschlinge,
- verdrehte Stellung beim Scheren,
- Knie oder Beine entgegen der Scherrichtung verdreht.

Ursachen, die **Schulterschmerzen** auslösen können:

- Unscharfes Material,
- zu heftiges Schieben des Handstückes,
- falsche Aufhängung der Rückenaufhängung,
- verkrampfte Haltung beim Scheren.

Ursachen, die **taube Hände** in der Nacht und/oder zu Arbeitsbeginn am Morgen auslösen können:

- Überarbeitung,
- zu festes Halten des Handstückes,
- zu heftiges Schieben des Handstückes,
- unscharfes Material.

Wie kann Schmerzen vorgebeugt werden?

- Gute Technik statt Kraft.
- Scharfe Kämme und Messer.
- Gut funktionierendes Material und ein unversehrtes Handstück.
- Achten Sie auf einen ebenen Scherplatz.
- Die richtige Anbringung der Rückenschlinge.
- Vermeiden Sie Überarbeitung.
- Schlafen Sie ausreichend und auf „rückenfreundlichen" Matratzen.
- Machen Sie Aufwärmübungen vor der Arbeit.
- Lockerungs- und Dehnübungen nach der Arbeit.
- Für ausreichend Pausen am Schertag und regelmäßige Ruhetage während scherintensiven Zeiten sorgen.

Zehn Jahre Schafescheren sind genug!

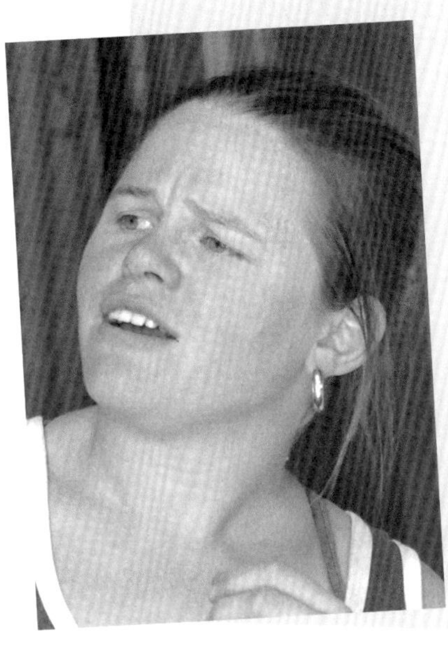

Andrea Froon (1984)
Bunnaloo/Australien

Zehn Jahre Schafschererei sind genug, dachte Andrea Froon. Seit ihrem 30. Geburtstag arbeitet sie für ein großes Scherunternehmen als Köchin und auf Abruf als Schertrainerin oder Woolclasser. Gelegentlich schert sie noch auf Farmen befreundeter Schafhalter.

Andrea Froon ist die Zweitälteste von sieben Kindern und eine der zwei Töchtern von Lisa und Tony Froon. Ihre Großeltern ruft sie Oma und Opa, denn sie sind aus den Niederlanden nach Australien emigriert.

Als Andrea 2001 ihre Schulausbildung beendete, verdiente sie sich vorerst mit Farmjobs und Malerarbeiten ein Taschengeld, um ein Jahr später zusammen mit ihrer Schwester an der Universität in Bendigo eine Lehrerausbildung beginnen zu können. Bereits nach vier Wochen merkte Andrea: *„Das ist nicht mein Ding"*. Das Veterinärwesen interessierte sie mehr, aber um ein solches Studium anfangen zu können, musste sie ein weiteres Jahr warten. Während dieses Gap-Jahres wurde sie von Nachbar und Farmer Graham Dick, der gelegentlich als Scherer arbeitete, mit auf die „Ballymeade" Farm genommen, wo Andrea für das Sortieren der Wolle zuständig war. Bei dieser Gelegenheit probierte es Andrea auch selbst mit dem Scheren. In dieser Woche schor sie drei Schafe, in der darauffolgenden kam sie nach einem achtstündigen Arbeitstag auf 32 Schafe.

„I thought I was a machine", sagte sie („Ich dachte, ich wäre eine Maschine"), denn mit ihrem Scherergebnis übertrumpfte sie das von Grahams erstem Schertag (vor 25 Jahren) um 11 Schafe.

Der Schervirus hatte Andrea befallen. Vergessen waren die Uni und das Veterinärwesen. Sie besuchte einen Scherkurs und schor kurz darauf ebenfalls ihre ersten 100 Schafe auf der Farm „Ballymeade". Die nächsten zwei Jahre arbeitete sie in ihrer Heimat um Deniliquin und in Gippsland, östlich von Melbourne. Zwei Jahre später, mit 23 Jahren, verließ sie ihren Heimatstaat New South Wales (NSW) zum ersten Mal für längere Zeit.

Nach zwei Tagen Autofahrt über den Nullabour, Australiens südlichster Ost-West-Verbindung, kam Andrea auf Australiens größter Schaffarm „Rawlinna" an, um dort für die nächsten sechs Wochen zu scheren. Hier schor sie ihre ersten 50 (erwachsenen) Schafe in einem *run* (ein *run* sind 2 Stunden) und meinte *„I got the boys going"*. („Ich habe die Jungs gescheucht"). Im folgenden Jahr schor sie ein weiteres Mal dort.

Andrea arbeitete in allen australischen Staaten, außer dem Northern Territory, denn dort gibt es kaum Schafe. In Queensland erlitt sie fast einen Hitzeschlag, als es zu Frühlingsanfang schon über 50 Grad Celsius heiß war. In Victoria büffelte sie neben der Schererei für ihr *Woolclassing*- und später für ein Scherausbilder-Zertifikat. NSW, South Australia und Gippsland waren ihre Hauptschergebiete. Außerlandes schor sie in Neuseeland, England und Irland.

Eine Fleischerausbildung könnte sich Andrea als nächstes vorstellen.

Was genießt du als Schafscherer am meisten?

... das Gesellige.
... die körperliche Betätigung.
... die Herausforderung.
... mehr zu scheren als die Jungs.

Was macht aus deiner Sicht einen guten Schafscherer aus?

... Temperament unter Kontrolle zu haben.
... eine ruhige Hand.
... konzentrierte Schur.

Was waren besonders schöne Momente als Schafscherer?

... auf riesigen Farmen wochenlang zu scheren und die Erlebnisse da. Wir mussten einmal von „Rawlinna“ zur Beerdigung unseres Bosses nach Esperance, das waren nur 500 km Luftlinie. Wir sind mit vier Fahrzeugen gestartet, das ganze Team waren ja viele Leute. Unterwegs hatten wir alles, was man sich an Autoprobleme vorstellen kann: Batterie leer, platte Reifen, kein Benzin, Kühler kaputt. Nach knapp 20 Stunden kam letztendlich eines der vier Fahrzeuge in der Stadt an. In das hatten wir uns alle reingequetscht: 17 Leute und 13 Hunde!

8 Die Wolle – Sondermüll oder wertvoller Rohstoff?

Viele von uns verbinden mit Wolle Omas gestrickte Wollsocken, kratzige Wollpullis und raue Schals. In Deutschland gilt Wolle teilweise als Abfallprodukt und wird mitunter als Sondermüll deklariert. Über Baumwollprodukte und synthetische Textilien haben wir vergessen, wie vielfältig die biologischen Fasern der Wolle sind. Dabei wachsen sie jedes Jahr nach, ohne dass gesät, Dünger verwendet oder Mineralölderivate verschwendet werden müssten. In den schafreichen Ländern wie Australien, Neuseeland oder auch Großbritannien hat Wolle einen sehr viel höheren Stellenwert als in Deutschland. Um den anspruchsvollen Absatzmarkt bedienen zu können, wird Wolle dort teilweise schon während der Schur sortiert. Eine klar definierte Nutzungsrichtung der Wolle hebt nicht nur die Bedeutung der Wolle selbst, sondern auch das Ansehen und die Arbeit der Schafscherer.

Wolle ist das ursprünglichste Material, das der Mensch je versponnen und zu Kleidung verwoben hat. Der Wunsch nach mehr und noch feinerer Wolle zur Herstellung von Kleidung und Gebrauchsgegenständen, eröffnete eine neue Epoche für die Schafzucht, bei der für einige Schafrassen nicht die Fleisch-, sondern die Wollproduktion im Mittelpunkt der Zucht stand.

8.1 Wollschafe – der Weg gen Westen

Die Reise domestizierter Schafe aus Vorderasien gen Westen ging mit einer intensiven und ausgeklügelten Zucht entlang ihrer Route einher. Um 1400–1000 v. Chr. profitierten die Griechen von einer blühenden Schaf- und Wollindustrie. Ungefähr zur gleichen Zeit gelangten die ersten Vorfahren von Feinwollschafen nach Spanien, Nordafrika und um Christi Geburt auch nach Italien. Die Römer, mit ihrem subtilen Geschmack für leichte Gewänder aus feiner Wolle, setzten neue Akzente in der Wollproduktion. Sie hielten ihre Schafe geschützt in Ställen und hüllten sie mitunter in Ganzkörperanzüge, um die nachwachsende Wolle sauber zu halten. Wollfunde in Griechenland und Italien, datiert auf weit vor dem 1. Jahrhundert, zeigten Feinwollfasern mit einem Wollfeinheitsgrad von 16–24 Mikron!

Während der Blütezeit des römischen Imperiums um 100 v. Chr. brachten die Römer mehr Feinwollschafe durch Schenkungen nach Spanien. Das von den Römern bereits so fortschrittlich gezüchtete

Feinwollschaf konnte in seiner neuen Heimat Spanien noch günstigere klimatische Bedingungen für das Wollwachstum erwarten. Und tatsächlich erwiesen sich die „meseta", die riesigen trockenen Hochebenen im Zentrum Spaniens, als hervorragend zur Veredlung der Wolle. Allerdings gehören die Lorbeeeren dieser erfolgreichen Zucht der später als Merinos bekannt werdenden Schafe nicht den Spaniern alleine.

Mit der arabischen Invasion aus Nordafrika um 700 n. Chr. kamen berberische Stämme mit vielversprechendem Schafmaterial und ernsthaften Zuchtabsichten auf die Iberische Halbinsel. Die wenig erschlossenen Bergmassive im Zentrum des Landes eigneten sich hervorragend, um ihren nomadischen Lebensstil dort fortzuführen. Für die nächsten 700 Jahre bevölkerten sie große Teile der Extremadura und Neukastilliens. Die Berber waren geschickte Wollverarbeiter und hatten anspruchsvolle Erwartungen an das Ausgangsprodukt. Sie präzisierten die Feinwollschafzucht mit großem Ehrgeiz und hatten damit erheblichen Einfluss auf die Erhaltung und Fortentwicklung der Feinwollschafe in Spanien und den Wollhandel in der Welt.

8.1.1 Spanien – das Wollzentrum der Welt

Mit dem wachsenden Bedarf und der Euphorie über die feine Wolle erhofften sich die Spanier noch mehr Profit. Unter König Alfonso X, König von Kastilien, wurde 1273 erstmals eine Art Vereinigung von Schafzüchtern gegründet, der „*real concejo de la Mesta*". Sie sollte die Einzigartigkeit des „weißen Goldes" schützen und kontrollieren. Das ging sogar so weit, dass die Ausfuhr von Schafen bei Todesstrafe verboten war. Dieses Ausfuhrverbot bestand, bis auf wenige Ausnahmen, bis in das Jahr 1786!

Das Merino verhalf Spanien zweifelsohne zu einer Monopolstellung im Welthandel für Wolle. 1526 hatte Spanien 3,5 Mio. Schafe. Während der folgenden hundert Jahre ließen andauernde Trockenperioden, politische Unruhen im Land und Unstimmigkeiten mit europäischen Wollkäufern die Preise für Wolle sinken. Die Zahl der Schafe reduzierte sich um 42 % bis zum Ende des 17. Jahrhunderts.

8.2 Schafzucht ab dem 18. Jahrhundert

Mit dem endgültigen Niedergang der spanischen Merinozucht Anfang des 18. Jahrhunderts wurden die Ausfuhrgesetze für Schafe gelockert. 1723 wurden einige Merinos versuchsweise nach Schweden gebracht, um zu testen, ob feine Wolle auch im kühleren Norden wächst.

220 Merinoschafe kamen 1765 nach Sachsen in Deutschland. Sie waren die Grundlage der deutschen Merinozucht, die weit über die Grenzen Deutschlands hin bekannt und später in Übersee genutzt wurde. Noch heute spricht man in Australien von dem „Saxon Merino",

dessen Genmaterial dort noch sehr verbreitet ist und einen kleinrahmigen Schaftyp mit hervorragenden Wolleigenschaften beschreibt.

Bereits seit 1752 gingen kleine Merinoherden auch nach Frankreich, wo sie mit französischen Landrassen gepaart wurden. Zur Verbesserung der Fleischleistungen kreuzten die Franzosen die englischen Fleischschafe Dishley-Leicester ein, woraus ein fleischiger Schaftyp mit guter Wollfeinheit und hoher Wollstapellänge entstand. Dieses Schaf kam dann unter dem Namen „Ramboulliet" auch nach Deutschland. Aus einer Kombinationszucht von Ramboulliet, englischen Mastschafen und den seit 1765 weiterentwickelten deutschen Merinos entstand das Merinofleischschaf.

Die Weiterentwicklung der deutschen Merinozucht wird Anfang des 19. Jahrhunderts wesentlich durch Albrecht Thaer bestimmt. Er strebte eine Zweinutzungsrichtung für die Merinos an. Als Grundlage nutzte er den ursprünglichen Merinotyp mit feiner Wolle aus Sachsen (Elektoralschafe) und einen sehr faltigen Merinotyp aus Österreich, welcher seit 1823 als Negretti bekannt war. Diese kreuzte man mit selektierten spanischen und französischen Böcken ohne Hautfalten, mit dem Ziel, Fleisch und Wolle sinnvoll zu kombinieren. Aus diesen Sprösslingen wurden Tiere wiederum mit mittelfeiner Wolle, guten Fleischanlagen und wenig Hautfalten selektiert. So entstand in Deutschland das „Merinokammwollschaf", deren Wolle die Nachfrage nach Wollfasern mit einer Mindestlänge von 5 cm bediente.

Nach dem Zweiten Weltkrieg und der politischen Teilung Deutschlands schlug die Schafzucht zwei unterschiedliche Richtungen ein. Vorhandene Landrassen wurden zur Bestandserhaltung gehalten und unwesentlich weiterentwickelt.

In der Bundesrepublik konzentrierte man sich unter den Wettbewerbsbedingungen des freien Marktes und den stetigen Preissenkungen für Wolle aufgrund des Booms von synthetischen Fasern und Baumwolle hauptsächlich auf die Förderung der Fleischleistung. Die Qualität der Wolle wurde zugunsten einer intensiveren Mastleistung und Schlachtkörperqualität hinten angestellt. Ein kurzzeitiger Anstieg der Wollpreise kam 1950 mit dem Koreakrieg. Er forderte Unmengen an Wolle zur Einkleidung der Soldaten und Bevölkerung.

Ältere Schafhalter in Deutschland erinnern sich an Wollpreise um und über 5 Mark/kg Wolle, die höchsten, die für nicht subventionierte Wolle nach dem Krieg je erzielt worden sind.

Große Bestände von Merinofleischschafen wurden auf den Gutsschäfereien in den mitteldeutschen Ackerebenen Niedersachsens gehalten.

In Bayern und Baden-Württemberg kreuzte man spanische und französische Merinos mit dem dort verbreiteten Württemberger Landschaf, woraus letztlich das deutsche Merinolandschaf entstand.

Innerhalb der DDR entwickelte sich nach der kompletten Schließung der Grenzen eine von außen isolierte Schafhaltung. Dort hatten sich seit Anfang des 20. Jahrhunderts bereits große Zuchtbestände mit einer Zweinutzungsrichtung herauskristallisiert, insbesondere der Förderung von Qualitätswolle und Wollmasse. Auf dieser Grundlage ging Mitte der 1970er-Jahre sogar ein eigener Merinoschaftyp hervor: das Merinolangwollschaf. Dazu wurden aus Russland kommende kaukasische Fleischschafe (25 %) und das englische Lincoln oder Corridale (25 %) in die Merinolandschaflinie (50 %)gekreuzt, die vorwiegend aus Bayern und Württemberg stammte. Die Zucht der DDR war plangenau in sogenannten Stammherden organisiert. Fast jede Landwirtschaftliche Produktionsgenossenschaft (LPG) hatte eine Stammherde. Nur Schafe aus diesen Herden durften zur Zucht verwendet werden. Künstliche Besamung war in den Ställen der Stammherden damals täglich angewandte Praxis.

In der DDR war die künstliche Besamung in den vielen Ställen der Stammherden täglich angewandte Praxis.

Des Weiteren etablierte sich ein eigener stabiler Wollmarkt. Die eigenen Wolle verarbeitenden Fabriken, wie die Wollspinnerei in Leipzig und kleinere Außenstandorte im Land sowie der „große Bruder“ Russland, forderten enorme Mengen an Wolle und garantierten zudem einen exzellenten Wollpreis von über 100 Mark/kg Reinwolle. Wolle wurde in der DDR stark subventioniert.

8.3 Wollbedarf und Handel

Archäologische Funde um den gesamten Globus bestätigen, dass das Halten von Schafen und die Verarbeitung von Wolle schon immer eine bedeutende Rolle im Leben der Menschen gespielt hat. Mit der Entwicklung des mechanischen Webstuhls und der Spinnmaschinen im Mittelalter stieg der Bedarf an Wolle. Der Weltwollhandel erlebte seine erste Blütezeit und damit ging auch die gezielte Zucht von Schafen mit feiner Wolle einher. Zur Zeit der industriellen Revolution (ab 1830) war die Nachfrage nach Wolle höher als die Erzeugung und Logistik hergab. Vor allem in Großbritannien entwickelte sich die Textilindustrie zwischen 1800 und 1840 rasant, was Importe unumgänglich machte. Zu dieser Zeit begann die Einfuhr von Wolle nach Europa aus den Kolonialgebieten des britischen Imperiums, vor allem aus Australien und um 1850 auch aus Südamerika und Neuseeland. Die Wollimporte nach Europa stiegen damals um das Achtfache.

Bis zum Beginn des Ersten Weltkrieges wurde Wolle von allen europäischen Industriestaaten (ausgenommen Russland), Nordamerika und Japan importiert. Frankreich, Deutschland und Belgien waren dabei Hauptabnehmer, die zu knapp 33,5 % aus Australien und zu 85 % aus den Ländern Argentinien, Neuseeland, Südafrika und Uruguay stammte.

Nach dem Zweiten Weltkrieg bis Mitte der 1970er-Jahre erhöhte sich der Bedarf an Wolle und anderen natürlichen Fasern weiter, trotz eines 100-fachen Produktionsanstieges von Kunstfasern. Wollabnehmer Nummer 1 war Anfang der 1970er-Jahre Japan mit 22,9 % Anteil am Weltimport, gefolgt von Großbritannien 12,9 %, Frankreich 11,7 % und Italien 7,7 %. Die alte Bundesrepublik, ohne die damalige DDR, lag mit 6,7 % Anteil beim Weltmarktimport an siebter Stelle.

Anfang der 1970er-Jahre kam Wolle zu 50,2 % aus Australien und zu 21,2 % aus Neuseeland (6,2 % Südafrika, 5 % Argentinien, 2,7 % Uruguay, 2 % Großbritannien), obwohl Australien hinsichtlich des Schafanteils zu dieser Zeit nur an fünfter Position der Weltrangliste lag (8,9 %). Somalia hielt als einzelnes Land in der Welt die meisten Schafe (Anteil 12,8 %). Allerdings wurden dort keine nennenswerten Wollanteile produziert.

An der weltweiten Faserproduktion hat Wolle heute weniger als 2 % Anteil. Australien ist derzeit der größte Wollproduzent, gefolgt von China und Neuseeland. China als einzelnes Land hält dagegen mit Abstand die meisten Schafe in der Welt (über 1 Mrd. Schafe). Es hat damit doppelt so viele Schafe als Australien. Asien hat mit mehr als 30 % neben Westeuropa (25 %) weltweit den höchsten Wollverbrauch. Über die letzte Dekade sind die Wollpreise konstant gefallen. Wolle konkurriert seit Beginn des letzten Jahrhunderts gegen Baumwolle und synthetisch hergestellte Stoffe wie Polyester und Acryl. Feine Wolle entwickelt sich heute mehr denn je zu einem Rohstoff, der in verarbeiteter Form zu Kleidung und Gebrauchsgegenständen eine luxuriöse Kaufstellung einnimmt.

8.4 Wolle – ein Allrounder

Das Schaf ist ein ganz besonderes Tier. Neben Fleisch, flauschigen Fellen und fettreicher Milch liefert es einen Rohstoff, der einzigartig im Reich der Tierwelt in unseren Breiten ist, nämlich Wolle. Die Vielfältigkeit seiner Wolle machen das Schaf so abwechslungsreich und bedeutsam für die Menschen wie kaum ein anderes Tier.

Kein anderes Nutztier wird zur Wollproduktion so intensiv gehalten wie das Schaf. Die in Südamerika beheimateten Alpakas und Lamas kommen dem Schaf als Nutztier und Wollproduzent zwar nahe, werden weltweit jedoch lange nicht in so großer Zahl gehalten und gezüchtet wie das Schaf. Neben Schafen wird Lama-, Alpaka-, Kaschmir-, Mohair-, Kamel-, Yak-, Angorahaar und Seide als tierisch nachwachsende Fasern gehandelt. Sie kommen allerdings in weitaus geringeren Mengen vor.

Tab. 3 Weltweite Schafszahlen nach Land

Land	Schafe
China	171.961.000
Australien	85.711.000
GUS	72.421.000
Indien	64.269.000
Iran	52.220.000
Sudan	49.000.000
Neuseeland	39.122.000
Großbritannien	33.946.000
Pakistan	26.500.00
Türkei	25.400.00
Nigeria	23.994.000
Äthiopien	23.700.000
Spanien	21.847.000
Südafrika	21.275.000
Syrien	21.000.000
Algerien	19.500.000
Marokko	17.250.000
Argentinien	15.880.000
Brasilien	15.600.000
Peru	15.000.000
Mongolei	14.815.000
Somalia	13.100.000
Uruguay	11.000.000
Afghanistan	10.000.000
Griechenland	8.803.000
Frankreich	8.499.000
Italien	8.227.000
Rumänien	7.678.000
Andere	199.389.000
Gesamt	**1.097.108.000**

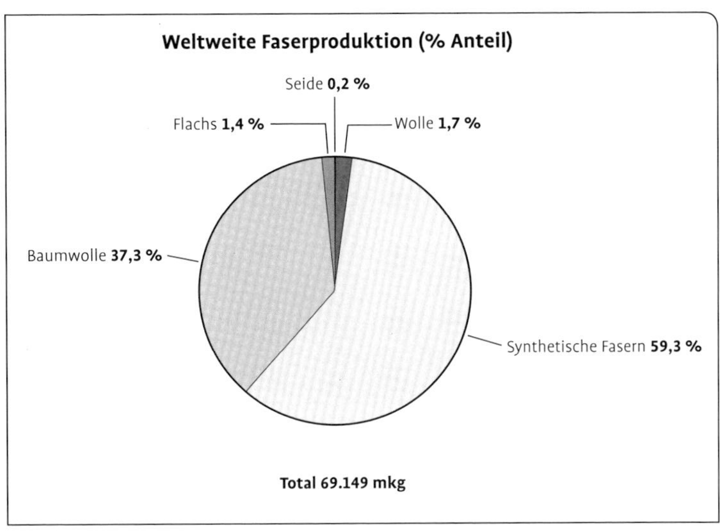

Weltweite Faserproduktion in Prozent (IWTO 2010).

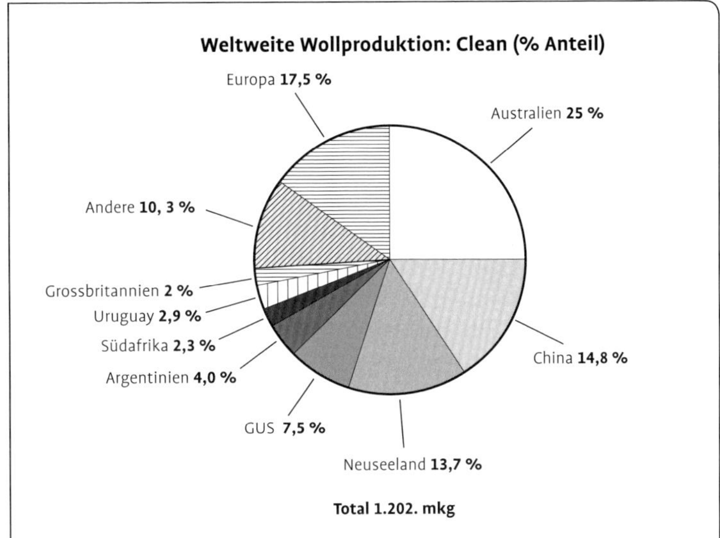

Weltweite Wollproduktion gewaschener Wolle in Prozent (IWTO 2010).

Quelle: FAQ von den Vereinten Nationen/
The Woolmark Company

8.4.1 Was Wolle alles kann

Wolle ist natürlich.
Wolle ist ein natürlich nachwachsender Rohstoff.

Wolle ist nachhaltig.
Wolle kann als eine Ressource betrachtet werden, die sich auf **natürliche Weise immer wieder von allein erneuert.**

Wolle isoliert gegen Hitze und gegen Kälte.
Wolle **wärmt** und **kühl**t das Schaf, solange sie an seinem Körper ist und darüber hinaus, wenn sie zu Kleidung verarbeitet ist und am menschlichen Körper getragen wird.

Der Isoliereffekt kommt zustande, weil in den Zwischenräumen der Wollfasern Luft steht. Dadurch leitet Wolle keine Hitze oder Kälte weiter, sondern schirmt sie ab.

> Diesen Effekt nutzen Hersteller von Kleidung, Decken, Teppichen, Gardinen, Isoliermaterial für Wände oder Dächer.

Wolle ist atmungsaktiv.
Bis zu einem Drittel ihres Eigengewichtes kann Wolle an Feuchtigkeit aufnehmen, bevor sie sich feucht anfühlt. Zudem nehmen Wollfasern wegen ihres komplexen Mikroaufbaus keine Körpergerüche an.

> Outdoor- und Sportbekleidung aus 100 % Merinowolle ist deshalb so beliebt, weil sie den Schweiß an der Oberfläche der Kleidung absorbiert und die der Haut zugewandten Innenflächen fühlbar trocken hält.

Wolle ist feuerresistent.
Die hohen Wasser- und Stickstoffgehalte der Wollfasern machen sie **schwer entflammbar, sie schmilzt nicht, tropft nicht,** verbindet sich im heißen Zustand nicht mit der Haut wie synthetische Fasern und entfacht zudem keine schädlichen Gase.

> Teppiche aus Wolle sind ein hervorragender Brandschutz, weil Wolle tatsächlich nicht brennt, sondern nur glimmt.
> Feuerwehrkleidung besteht z. B. aus Wolle. Schutzbekleidung aus Wolle ist nicht nur schwer entflammbar, sondern schirmt Hitze auch effektiv ab.

Wolle ist biologisch abbaubar.
Tests haben ergeben, dass Wolle zu **100 % biologisch abbaubar** ist. Der komplexe Zellaufbau von Wollfasern macht es zudem zu einer lebendig **arbeitenden Faser**.

Gärtner und Bauern benutzen Wolle zur Beikräuterregulierung (Abdeckung). Positiver Nebeneffekt ist: Sie wirkt gleichzeitig als biologischer Dünger, regt die Regenwurmaktivität an und fördert die Humusbildung.

Wolle erinnert sich an seine ursprüngliche Form.
Wollfasern entfalten sich nach Kompression von allein – ein natürlicher Entknitterungs-Mechanismus.

Teppiche aus Wolle laufen sich weniger aus und erhalten ihre Flauschigkeit. Wollkleidung knittert weniger.

Wolle ist elastisch und langlebig.
Wolle ist **elastischer** als synthetische Fasern und kann doppelt so lang gezogen werden, bevor die Fasern reißen und ohne dass die ursprüngliche Form der Kleidung verloren geht.

Kleidung, Decken, Teppiche oder Polstermöbelbezüge aus Wolle sind deshalb besonders langlebig und robust.

Wolle ist antistatisch.
Die Fähigkeit, Feuchtigkeit zu halten, verhindert den Aufbau von **statischer Elektrizität**. Wollkleidung oder Wolldecken knistern und funken nicht wie Synthetik und weisen Schmutz besser ab als synthetische Fasern.

Menschen, die empfindlich gegenüber statischer Elektrizität sind, können durch Wollkleidung, -decken, -bezüge für Möbel oder das Auto usw. ihren Lebensraum angenehmer gestalten.

Wolle bindet Staub und schädliche Gase.
Das macht Wolle für Allergiker und im Haushalt interessant. Sie kann Staubpartikel in z. B. Teppichen nicht nur aufnehmen und so lange halten, bis der Staubsauger kommt, sondern auch gesundheitsschädliche Gase einfangen. Aufgrund einer Vielzahl reaktionsfreudiger Aminosäuren in den Wollfasern reagieren und binden diese gesundheitsschädliche Gase wie z. B. Formaldehyd.

Formaldehyd kommt in fast jedem Stoff vor, der uns umgibt: Holzwerkstoffe, Möbel, Textilien, Teppiche, Holzfertighäuser etc. Sie verunreinigen die Luft und können in hohen Konzentrationen und unter dauerhaftem Einfluss krebserregend wirken, weil sich diese Gase in die Proteine der menschlichen Zellen permanent einlagern. Dieser Tatsache nahmen sich Forscher an und testeten Wolle als Dämm- und Sanierungsstoff für formaldehydbelastete Räume – und das mit Erfolg. Dämmstoff- und Teppichhersteller machen sich die Vorzüge der bindenden Eigenschaft zunutze, genau wie Gardinen- und Möbelhersteller.

Wolle filtert Luft und Gerüche.
Diese Eigenschaften der Wolle nutzt die Industrie für Atemschutzmasken, Luftfilter in Fabriken, Klimaanlagenfilter und Schutzbekleidung.

Wolle mindert Vibrationen.
Aus diesem Grund wird sie auch gern in Teppichen, Knieschützern, Flugzeuginnenausstattungen usw. verwendet.

Wolle dämpft Geräusche.

So ist z. B. das Opernhaus in Sydney zur akustischen Isolierung mit Wolle ausgestattet.

Wolle wirkt heilend.
Naturverbundene Menschen schreiben der Rohwolle **heilende Eigenschaften** bei rheumatischen Beschwerden zu. Wolle ist auf natürliche Weise von Wollfett umgeben. Dieses Wollfett wird Lanolin genannt. Es entsteht durch Schweißdrüsenabsonderung der Schafe. Deshalb fühlt sich Wolle immer fettig an.

Die Kosmetikindustrie profitiert von den „Schweißabsonderungen" der Schafe, indem sie Cremes oder Salben Lanolin zusetzen. Die meisten von uns schätzen ein kuscheliges Fell auf dem Sofa oder im Bett.
In der Medizin sind Verbände und Druckbandagen aus Wolle üblich.

Wolle ist färbbar.
Helle Wolle lässt sich gut **färben** und nimmt nahezu jeden Farbton an.

Wolle schont die Umwelt.
Wolle wächst ganz natürlich am Körper der Schafe nach, wohingegen zur Herstellung von synthetischen Fasern Rohöl verwendet werden muss. Um z. B. ein Kilogramm Nylongarn herzustellen, bedarf es mehr als fünf Kilogramm Öl.

8.5 Wolle hat eine komplexe Faserstruktur

8.5.1 Chemische Zusammensetzung

Schafwolle besteht zu 97 % aus Faserproteinen. Proteine oder Eiweiße sind komplexe Gebilde aus mannigfaltigen Stoffeinheiten, die miteinander wie ein Haus verknüpft sind. Es besteht aus zusammenhängenden Polypeptidketten (Hauswände), die wiederum aus einzelnen Aminosäuren (Backsteine) hervorgehen.

Die Anzahl, Art und Anordnung der Aminosäuren sind dafür verantwortlich, welcher Proteintyp vorliegt. Im Fall von Wolle, Haaren, Hörnern oder auch Klauen liegt der Proteintyp Keratin als Haupt- bzw. Strukturprotein vor. Es besteht aus bis zu 24 verschiedenen Aminosäuren. Typisch für das Keratin ist der hohe Schwefelanteil, für das die dominierende Aminosäure Cystein verantwortlich ist.

8.5.2 Der Faseraufbau

Wollfasern sind mehrfach geschichtet. Die äußere Schicht wird als **Kutikula** bezeichnet. Sie besteht aus schuppenartigen Zellen, die wie ein Schindeldach übereinandergeschichtet sind und mit den offenen Enden zur Wollfaserspitze liegen. Die Kutikula dient als wasserundurchlässige Schutzschicht, perforiert mit kleinsten Poren, welche die Feuchtigkeit nach außen leiten, aber nichts nach innen lassen. Die Anordnung und der Grad der Verschuppung sind mitverantwortlich dafür, wie sich Wolle anfühlt, wie sie aussieht und wie schnell Wolle verfilzt. Schuppen feinerer Fasern umschließen das Haar vollständig, Schuppen gröberer Haare meist nicht.

Unter der Kutikula befindet sich der **Cortex (Faserstamm).** Er macht den wesentlichen Teil der Wollfaser aus. Der Cortex besteht aus parallel verlaufenden spindelförmigen Fibrillen, deren Form erheblichen Einfluss auf die Elastizität von Wolle hat. Rassebedingt kann das sehr unterschiedlich sein. Die Cortexschicht trägt außerdem die Farbpigmente farbiger Wolle.

Stichelhaare und Grannenhaare sind grobe Haarfasern, die vorwiegend an den Beinen oder Köpfen der Schafe vorkommen. Diese Haare und Rauhaarwolle haben einen zentralen Hohlraum in der Haarfaser, den **Markkanal.** Der Markkanal ist hohl und mit Luft gefüllt, was einen hohen Isolationseffekt mit sich bringt. Für Schafe in rauen Klimazonen, z. B. Scottish Blackface in Schottland, ist diese haarige Wolle ein idealer Kälteschutz. Von der Dicke des Markkanals hängt die Festigkeit der Wollfasern ab. Je dicker der Markkanal, desto dünner der Cortex und anfälliger und brüchiger die Faser. Das Vorhandensein und die Stärke des Markkanals beeinflusst ferner die Aufnahmefähigkeit von Farbstoffen beim Färben von Fasern. Grobe Haare mit einem großen Markanteil lassen sich schlechter färben.

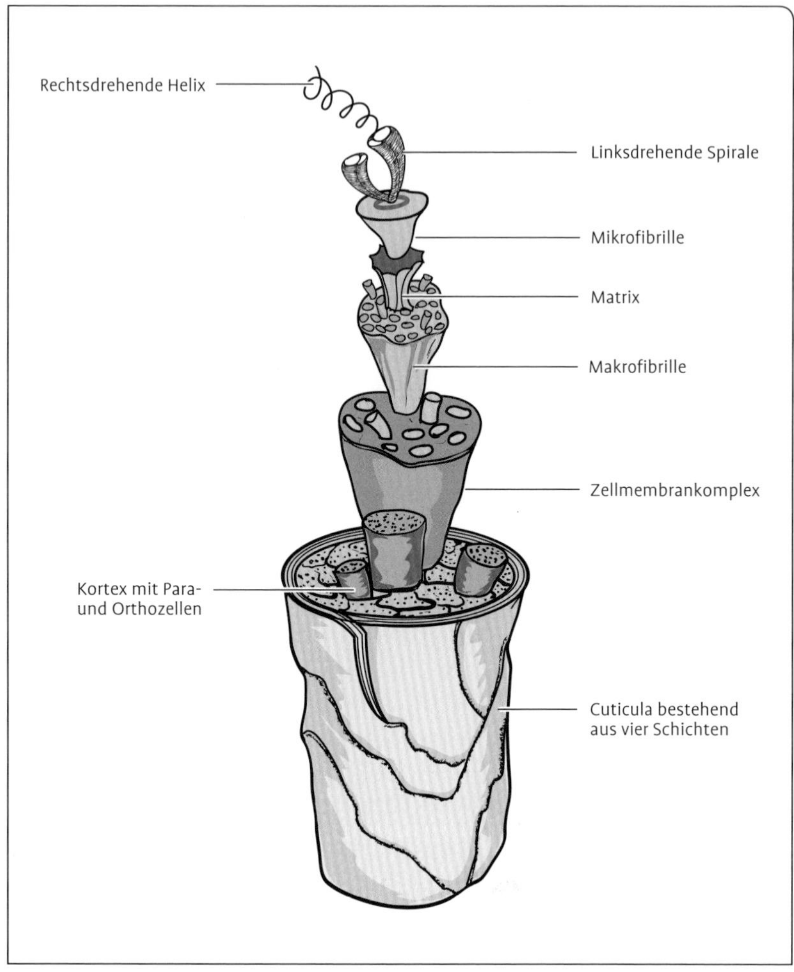

Wollfaseraufbau.

Gewöhnlich nimmt die Größe des Markkanals mit dem Faserdurchmesser ab. Einige mittelfeine Wolltypen können einen unterbrochenen Markkanal haben, feine Wollfasern haben überhaupt keinen.

Jede Wollfaser läuft vom Faseransatz bis zur Spitze zylindrisch zusammen und ist von Natur aus wellig, was als **Kräuselung oder Bogigkeit** bezeichnet wird. Bis zu 40 Kräuselungen pro Zentimeter können bei Merinowollfasern vorkommen und weniger als eine Kräuselung pro Zentimeter bei Haarwollschafen, wie z. B. dem Kamerunschaf. Landrassen und grobwollige Schafe haben wenig gekräuselte Wolle. Man bezeichnet sie auch als „schlichtwollig“. Feine Wolle ist dagegen hochbogig gekräuselt.

Tab. 4. Kräuselung	
Schlichte Wellung	Heidschnucke
Gedehnte Wellung	Leineschafe
Normalbogig	Schwarzkopf
Gedrängtbogig	Cheviot
Hochbogig	Merino
Überbogig	Fehlerhafte Wolle (Zwirn)

Die Kräuselung ist mitverantwortlich für den Zusammenhalt der Wollfasern im Vlies und deren Spinnfähigkeit. Je höher der Kräuselungsgrad, desto höher der Vlieszusammenhalt und die Spinnfähigkeit.

Der Wollschweiß stammt aus zwei separaten Drüsensystemen: der Schweiß- und der Talgdrüse. Schweißdrüsen befinden sich tief in der Haut und transportieren ihr Sekret durch einen Ausfuhrkanal an die Hautoberfläche, wo es sich mit dem aus den Talgdrüsen stammenden Sekret vermischt.

Schnuckenwolle.

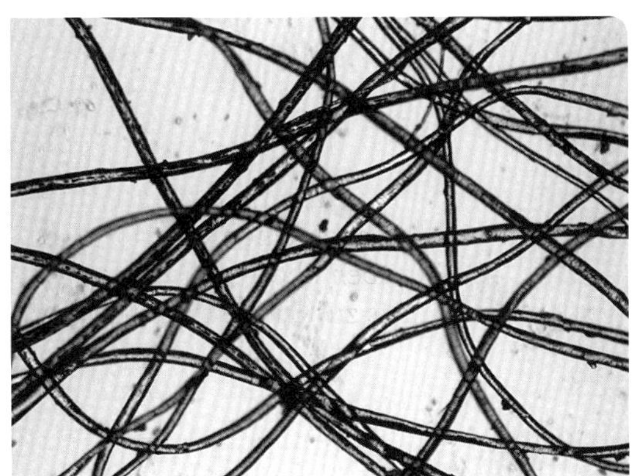

Wolle vom Texelschaf.

Wolle vom Merinoschaf.

8.6 Einteilung der Schafe in Wolltypen

Rassen mit ähnlichen Wollmerkmalen lassen sich zu Wolltypen zusammenfassen. Sie geben an, welche Wolleigenschaften von dem Schaf zu erwarten sind.

- Haarschafe
- mischwollige Schafe
- schlichtwollige Schafe
- feinwollige Schafe

Haarschafe sind diejenigen Schafe, die sich nach der Domestikation aufgrund der Isolation, aus klimatisch geografischen Gründen oder wegen anderer Nutzungsrichtung nicht grundlegend weiterentwickelt haben. Bei Haarschafen blieb der natürliche Fellwechsel erhalten, wodurch keine Schur erforderlich ist. Die meisten Schafe dieser Art kommen heute in den Steppen Afrikas und Asiens vor. Als häufig in Deutschland vorkommende Rasse ist hier das Kamerun- und Dorperschaf zu nennen.

Mischwollige Schafe haben sowohl Ober- als auch Unterhaar, aber mit schon wolltypischen Eigenschaften, wobei das Unterhaar den dominierenden Anteil am Vlies ausmacht. Zu dieser Art von Schafen gehören unsere Heideschafe, Fettsteißschafe in Mittelasien und Afrika, das Karakul oder das Zackelschaf. Sie müssen regelmäßig geschoren werden.

Schlichtwollige Schafe weisen typische Wollmerkmale auf. Unterschiede zwischen Ober- und Unterhaar sind nicht mehr zu erkennen. Zu diesem Wolltyp gehören die in Deutschland am häufigsten gehaltenen Rassen: Landschafe, Fleischschafe und Milchschafe.

Die **Merino- und Feinwollschafe** sind das Ergebnis einer intensiven Zucht für feine Wolle. In Deutschland wurde bis Ende des 20. Jahrhunderts intensiv auf diesen Wolltyp gezüchtet.

8.7 Bewertung der Wollfasern

Die Beschaffenheit der Wolle ist ein Hauptkriterium, um Schafrassen zu unterscheiden. Bewertungen der Wolle am Tier gehen vom optischen Eindruck aus. Hier spielen die Verteilung der Wolle um den Tierkörper, die Farbe, die Länge und die Einschätzung des Feinheitsgrades eine Rolle.

Die **Wollfaserlänge** kann zum Schurzeitpunkt sehr unterschiedlich sein und ist anhängig von:

- Rasse (wollfrohwüchsige Rassen oder Rassen mit generell wenig Wollwachstum).
- Alter der Schafe (Lämmer, Jährlinge, adulte Tiere).
- Schurrhythmus (jährliche Schur, Halbjahresschur).

- Anforderungen der Wollindustrie (Nachfrage nach bestimmten Längensortimenten für die Bestückung bestimmter Wollbe- und -verarbeitenden Maschinen).

Die **Wollfarben** (weiß, schwarz, braun) sind optisch einfach ermittelbar und die Länge der Wollfasern in Zentimeter zu messen.

Der **Feinheitsgrad** der Wolle oder **Wollfaserdurchmesser** wird in Mikrometer angegeben (1 Mikrometer = 1000stel Millimeter).

Tab.5 Beispiele für den Wollfaserdurchmesser bestimmter Schafrassen

Rasse	Wollfaserdurchmesser in Mikrometer	Wollfasereinstufung
Australisches Merino	11–17	fein
Poll Merino	17,5–24	fein
Merinofleischschaf	22–26	fein – mittel
Merinolandschaf	26–28	fein – mittel
Merinolangwollschaf	26–31	mittel
Charollais	27–28	mittel
Dorset	26–29	mittel
Schropshire	26–30	mittel-dick
Gotland	27–33	mittel-dick
Cheviot	28–33	mittel-dick
Suffolk	30–35	dick
Leineschaf	31–35	dick
Coburger Fuchs	32–35	dick
Bergschaf	32–36	dick
Rhönschaf	33–36	dick
Texel	33–37	dick
Ostfriesisches Milchschaf	32–38	dick
Neuseeland Romney	33–40	dick
Moorschnucke	37–39	dick
Heidschnucke	38–39	dick

Wolle mit hoher Stapellänge und Einschnürungen in der Mitte zwischen 7. und 10. Zentimeter, die auf eine Laktation während dieser Wollwachstumsphase hinweist.

Die Wollfeinheit wird in drei Stufen eingeteilt:
- fein
- mittel
- dick.

Für die exakte Feststellung des Wollfaserdurchmessers sind labortechnische Geräte notwendig. Erfahrene Wollfachleute können den Feinheitsgrad sensorisch annähernd einschätzen.

8.8 Wollwachstum und Wollqualität

Wollfasern wachsen durch das Absondern abgestorbener und verhornter Zellen. Dabei schiebt sich die Haarkutikula aus den Follikeln, die in der Haut eingebettet liegen. Sie wachsen nur in die Länge und nicht in ihrem Durchmesser. Das Schaf reagiert auf Veränderungen seines Körperstoffwechsels infolge von Ablammung, Krankheit, extremer Futterumstellung, Futterknappheit oder anderen äußerlichen Einflüssen mit verminderter Absonderung dieser Zellen für die Wollproduktion. „Wolle lügt nicht" oder „treue" und „untreue" Wolle sind alte Ausdrücke, an die sich (ältere) Schafhalter vielleicht noch erinnern, wenn Schafe ihrer nach Wolle begutachtet wurden. Anhand der Wachstumsform eines Wollbüschels können störende Einflüsse während des Jahres vermutet werden, ähnlich den Jahresringen eines Baumstamms. Allerdings wird dem Schaf das historische Archiv jährlich entnommen.

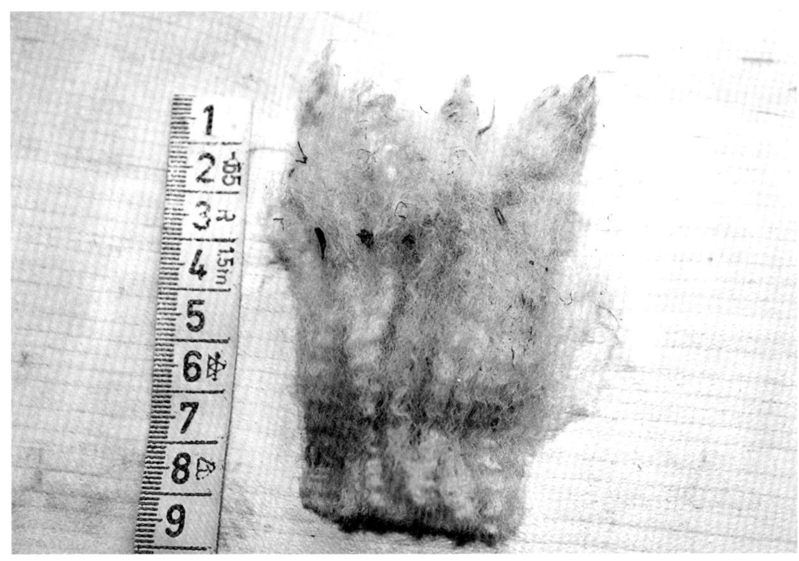

Unregelmäßigkeiten und Verfärbungen an der Wollfaserbasis lassen auf Veränderung der äußeren Umstände einige Wochen vor der Schur schließen.

Die Schafzucht; Erster Teil: Die Wollkunde: 1873, Die Wolle und ihre Eigenschaften, Das Wachstum des Wollhaares, S. 244

Wachstum von Wolle

„Bei Lämmern ist das Wachsthum der Wolle im Ganzen ohne Zweifel ein rascheres, denn wir beobachten jedes Mal, dass die Wolle der Lämmer, wenn man sie ein ganzes Jahr wachsen läßt, länger wird als die der Mutter. Auch bei älteren Thieren wächst das Wollhaar in der ersten Zeit nach der Schur rascher als später.
Das Resultat dieser Messung war, dass während der ersten 151 Tage nach der Schur das Längenwachsthum der Wolle pro Tag mindestens doppelt so groß war, als das tägliche Längenwachsthum während der darauf folgenden 112 Tage."

8.8.1 Qualitätsmindernde Faktoren für Wolle

Stallklima/Stallhaltung. Feuchtwarme Witterung oder hohe Luftfeuchtigkeit sowie Wärme im Stall führen zu einer Vergilbung der Wolle, die auch „Schweißigkeit" genannt wird. Vorangetrieben wird dieser Prozess, wenn zusätzlich Schwitzwasser von der Decke tropft. Gelbwolligkeit kann aber auch erblich veranlagt sein. Diese Gelbfärbung ist im weiteren Wollverarbeitungsprozess nicht auswaschbar und solche Wolle eignet sich nicht zum Färben. Wolle mit unauswaschbaren Gelbfärbungen ist minderwertige Wolle.

Zu enge Stallhaltung und mangelhafte Einstreu verunreinigt die Wolle mit Kot und Urin.

Spelzenreiches Stroh, zerkleinertes Heu oder Grünfutter bewirken bei unvorteilhaften Raufensystemen und dem Einstreuen des Stalles über die Schafe hinweg, Verunreinigungen der Wolle. Pflanzliche Kleinpartikel, Staub und Dreck setzen sich im Hals-, Kopf- und Rückenbereich fest.

Eine dauerhaft hohe Ammoniakkonzentration in der Stallluft macht Wollfasern brüchig.

Fütterung/Futterwechsel. Extremer Futterwechsel und -mangel beeinflusst die Wollproduktion negativ. Wollfasern wachsen unterschiedlich stark und neigen zur Unebenheit und Brüchigkeit. Dazu zählt auch der veränderte Mineralstoffwechsel eines laktierenden Schafes, der abhängig vom Zustand des Schafes mehr oder weniger stark ausgeprägt sein kann. Aufgrund dieser Tatsache wird der Schurtermin von vielen Schafhaltern bewusst vor die Ablammung gelegt. Im Englischen gibt es dafür einen eigenen Begriff, das '*pre lamb shearing*.

Die neuseeländischen Merinos in Central Otago im Süden der Südinsel werden grundsätzlich vor der Lammzeit geschoren, um die Qualität und Stabilität der feinen Wolle zu erhalten.

Schwefel und Kupfer sind maßgeblich für eine ausgeglichene Wollproduktion verantwortlich. Schwefel erhöht die Widerstandsfähigkeit, bedingt durch den hohen Anteil der schwefeltragenden Aminosäuren Cystein und Methionin im Keratin, dem Struktureiweiß der Wolle.

Kupfermangel kann die Kräuselungsfähigkeit von Wolle herabsetzen, wodurch die Verspinnbarkeit beeinträchtig wird. Eine ausgeglichene Mineralstoffversorgung wirkt sich somit unterstützend auf die Wollfaserqualität aus.

Weidemanagement. Disteln und Kletten sind nicht nur wollwertmindernde pflanzliche Bestandteile, die schwer aus der Wolle zu entfernen sind, sondern sind auch für den Scherer bei der Schur unangenehm. Während einzelne Pflanzenreste und Samen in der Wolle auswaschbar sind, kann grobes Gestrüpp Verfilzungen der Wolle verursachen. Sie sind nicht rückgängig zu machen und sind wertlose Teile im Vlies.

Ein mangelndes Mineralstoffangebot auf den Weiden kann zu Mangelerscheinungen im Schaforganismus führen, wodurch die Wolle matt und leblos wirkt. Das Schaf wird anfällig gegenüber Parasitendruck und klimatischen Einflüssen.

Dauerregen führt zu Wollrotte direkt am Schafkörper. Die Wolle wird gelbbraun; Feinwoller neigen zur grünlichen Rotte, alle Arten riechen muffig.

Markierungen. Farbmarkierungen sind hilfreich im Herdenmanagement, aber gleichzeitig eine Verunreinigung der Wolle. Sie mindert ihren Wert, wenn schwer auswaschbare Farbstifte verwendet werden.

Krankheiten. Krankheiten bewirken kurz- oder langfristige Störungen des Mineral- und Stoffwechselsystems, worauf das Schaf mit verminderter Wollproduktion reagiert. Die Wolle wird brüchig und verliert ihre Stabilität. In manchen Fällen kommt es zu einem kompletten Wachstumsstopp. Als Resultat wird die Wolle ganz oder teilweise vom Körper abgestoßen.

Ektoparasiten/Haut-/Wollkrankheiten. Ektoparasiten, Hautekzeme und Räude sind unangenehm für die Schafe und jucken. Durch Schubbern an festen Gegenständen verfilzen am Schafkörper ganze Wollpartien, werden unbrauchbar oder fallen gar aus. Dort, wo das Schaf mit dem Kopf selbst hinlangen kann, zupft es an der Haut und Wolle. Diese Stellen sind oftmals nur noch dünn, wodurch Unebenheiten in der Stapellänge des Gesamtvlieses entstehen.

- *Schmeiß- und Goldfliegenmaden*. Bei Madenbefall auf und in der Schafshaut ist die Wolle feucht, braun bis schwarz und stinkt. Sie ist komplett wertlos und muss unbedingt aussortiert werden.
- *Schafläuse. Sie* mindern den Wert der Wolle nicht direkt, da sie auf der Haut der Schafe krabbeln, sind jedoch eine Plage für die Schafe.
- *Haarlinge*. Wolle mit Haarlingen riecht anders als normale Wolle während der Schur. Sie erzeugen nicht unbedingt einen Wollmangel, solange keine Wollverfilzungen durch Schubbern entstehen.
- *Zecken* haben keinen Einfluss auf die Wollqualität.
- *Räude*. Schafe mit Räudemilben haben im Extremfall stark verkrustete Hautpartien oder mindestens teilweise verfilzte Wollpartien vom Schubbern, wollfreie Hautstellen und unebene Wollvlieslängen.

Bei anormaler Kräuselung, entsteht eine überbogige Faser, die sich schlecht oder gar nicht weiterverarbeiten lässt. In extremer Form wird von Zwirnigkeit gesprochen. Die Fasern sind dann unbrauchbar. Dieser Wollfehler ist bei Schafen erblich veranlagt.

Zum Zeitpunkt der **Schur** muss Wolle 100 % **trocken** und **sauber** sein. Feuchte und schmutzige Wolle schimmelt im Sack, vor allem dann, wenn nichtatmungsaktive Behälter oder Tüten zur Wollaufbewahrung verwendet wurden.

Second cuts – sind kurze Wollfusseln, die durch Unaufmerksamkeit bei der Schur entstehen. Die Wollfaser wird dabei mehrfach geschnitten und mindert das Vliesgewicht pro Schaf. Sie müssen beim Scheren vermieden werden.

Eine **Sortierung** der Wolle nach Farbrichtung sollte schon während der Schur erfolgen. Schmutzige Wollteile und Kotteile müssen vom Vlies entfernt und in separate Wollbehälter sortiert werden.

8.9 Wohin mit der Wolle?

Die Wollsortierung nimmt in Deutschland momentan eine stiefmütterliche Stellung ein: Vielerorts ist Wolle derzeit ein lästiges Beiprodukt der Schafhaltung.

Trotzdem gilt es zu überdenken, ob man der Wolle nicht doch etwas mehr Aufmerksamkeit schenken sollte. Denn wer dem Wollverkäufer Wollsäcke mit bunten Vliesen oder weißen Vliesen mit akuter Kotverschmutzung anbietet, kann dafür nicht denselben Preis wie für Qualitätswolle erwarten. Häufig wird so argumentiert, dass sich der Aufwand der Wollsortierung nicht rechnet. Tatsache ist, die Wolle muss in jedem Fall von jemand aufgenommen und in den Wollsack gestopft werden. Mit einem Handgriff sind stark verschmutzte Wollteile am Vlies entfernt, die sich vorwiegend am Hinterteil des Schafes befinden. Das Separieren von brauner, schwarzer, gescheckter oder Haarwolle von weißer Wolle lässt sich einfach durch das Aufstellen separater Wollsäcke organisieren.

Einige größere Betriebe haben feste Wollaufkäufer, die vor der Schur bekannt geben, nach welchen Kriterien die Wolle zu sortieren ist.

8.9.1 Die Wollsortierung

Voraussetzung für eine einfache und effektive Wollsortierung ist ein trockener, fester und sauberer Scherplatz, um Fremdbestandteile wie Schlamm, Gras, Stroh und Staub von Anfang an zu eliminieren.

Generell sollte Wolle nach folgenden Gesichtspunkten in eigens dafür vorgesehene Wollsäcke sortiert werden:

- Rassen (Rauhaarrassen, grobwollige Wolle, feine Wolle).
- Alter (Lämmer, Jährlinge, Adulte).
- Länge (Halbjahreswolle, Jahreswolle).
- Farben (weiß, schwarz, braun, gescheckt).
- Kot- und stark verschmutzte Wollteile sollten vom Hauptvlies entfernt werden.
- Bauch und alle abfallenden kurzen Wollteile gehören genau genommen in einen separaten Sack, so dass
- nur die Vlieswolle alleine in einen Sack kommt.

Dafür ist es notwendig, genügend Säcke parat zu haben, um die von der Hauptlinie abweichenden Vliese schnell woanders ablegen zu können. Am Ende eines Schertages haben sich meistens doch genügend andersartige Vliese gefunden, um Säcke ausreichend zu befüllen.

8.10 Vorschläge für einen besseren Wollabsatz

Für größere schafhaltende Betriebe

- Fragen Sie ihren Wollaufkäufer vor der Schur, wie die Wolle sortiert werden soll, um einen bestimmten Preis zu erreichen und vereinbaren Sie, wenn möglich, einen festen Preis.
- Sortieren Sie die Wolle genau nach den Kriterien, die der Wollaufkäufer verlangt.
- Trockene und saubere Schafe sind die Voraussetzung für saubere Wolle. Halten Sie die Halte- und Fangboxen sauber und trocken.
- Sorgen Sie für einen sauberen Scherplatz und halten Sie ihn auch während der Schur sauber.
- Vermeiden Sie Fremdbestandteile wie Stroh, Gras, Zigarettenfilter oder Frühstücksbrotpapier in der Wolle.
- Stopfen Sie die Wollsäcke effizient und beschriften Sie sie, z. B. mit V für Vlies, K für Kotwolle, SW für schwarze Wolle, BW für braune Wolle oder RW für Rauhaarwolle, S für Schnucken usw.
- Lagern Sie die Wollsäcke bis zu Abfuhr trocken.

Für Kleinschafhalter

- Tun Sie sich mit anderen Schafhaltern zusammen, um das geforderte Mindestgewicht der Wollabnehmer zu erreichen.
- Organisieren Sie in Ihrer Nachbarschaft eine Wollsammelaktion.
- Gibt es im Umkreis Kleinbetriebe, die Wolle abnehmen und verarbeiten? (z. B. Betten- und Deckenhersteller).
- Spinnvereine oder einzelne Spinnaktive nehmen gern kleine Portionen und vorzüglich auch bunte Wolle ab. Fragen Sie in Ihrer Gemeinde nach oder machen Sie öffentliche Aushänge.
- Das Filzen von Wolle ist derzeit sehr beliebt und wird mittlerweile in vielen Handarbeitsläden als Nachmittagskurs angeboten. Zum Filzen wird gern auch Rauhaarwolle verwendet. Erkundigen Sie sich, ob es in Ihrer Nähe Filzkurse oder Filzaktive gibt.
- Viele Gärtner nutzten Wolle zur Wildkräuterregulierung (Mulch).
- Isolieren Sie Ihr Gartenhaus mit Wolle, nicht mit Styropor o. Ä.

Die Schafzucht; Erster Teil: Die Wollkunde: 1873, Die technische Verwendung der Wolle, Die Wollweberei, Tuchweberei, Zeugweberei, S.338

„Diese ganz grobe, verworren gewachsene Wolle einiger polnischer oder russischer Landracen, wird vornehmlich mit anderen kürzeren Thierhaaren, wie mit Kuh- oder Kälberhaaren, auch mit den kurzen, straffen Haaren des Schafes, welche an den Beinen derselben wachsen und in den Gerbereien abfallen, den sogenannten „Beinlingen“, zu Filz verarbeitet.“

8.11 Die Bedeutung der Wollsortierung in schafreichen Ländern

Die Wollsortierung (im Englischen *Woolhandling* genannt) richtet sich nach den Ansprüchen der Wollindustrie des jeweiligen Landes oder der Wollaufkäufer. Wie das Scheren ist auch das *Woolhandling* eine eigene Spezialisierung, die in vielen Ländern als berufliche Tätigkeit ausgeübt wird. Farmer engagieren geschulte *Woolhandler* und *Woolclasser*, die mit ihrem speziellen Wissen über Wolle diese so präparieren, dass der Farmer einen höchstmöglichen Preis dafür erwarten kann.

Um die Vielfältigkeit der Wollsortierung besser nachvollziehen zu können, werden im Folgenden ein paar ganz spezielle Beispiele aus Australien und Neuseeland angeführt. Mit **Linie** ist die gleiche Art von Wolle oder Wollteilen gemeint.

Der generelle Ablauf der Wollaufbereitung in den eigens dafür gebauten Schergebäuden (engl. *shearing shed*) schafreicher Länder läuft nach folgendem Schema ab:

- Der Scherer schert ein zusammenhängendes Vlies.
- Der Woolhandler nimmt das Vlies mit speziellen Handgriffen auf:
  wirft es auf einen Lattenrosttisch,
  Vliesränder werden gezupft und das Vlies gerollt,
  Vlies wird in einem Wollsack mittels Wollpresse stark komprimiert.

Der Sinn des Lattenrosttisches besteht darin, dass kurze Wollfusseln (*second cuts*) aus der Vliesunterseite fallen, wenn das Vlies mit der Schnittseite nach unten auf dem Tisch landet.

Vlieswurf auf den Lattenrosttisch.

Was ist ein Woolclasser?
Der *Woolclasser* hat die Verantwortung über alles, was während und nach der Schur mit der Wolle passiert. Er leitet die Wollsortierer an und organisiert effizientes Arbeiten während des Sortierens. Seine Hauptaufgabe ist das visuelle und sensorische Bewerten der Vliese und das Erstellen möglichst gleichförmiger Vlieslinien. Klassifiziert wird in jedem Fall Merinowolle, manchmal aber auch Crossbred-Wolle (Mischwolle).

Ein *Woolclasser* bei der Zerreißprobe eines Wollbüschels. Reißt die Faser, gilt das Vlies als „tender" und geht in eine gesonderte Vlieslinie.

Auf dem Tisch kann das Vlies auf angenehmer Arbeitshöhe besser präpariert und begutachtet werden.

Vom Vliesrand werden verschmutze Wollteile *(pieces)* entfernt. Dann wird das Vlies zusammengerollt und der *Woolclasser* führt die Zerreißprobe durch und entscheidet, in welche Vlieslinie das Vlies geht.

8.11.1 Sortierlinie für Merinowolle in Australien mit besonderem Feinheitsgrad (15 Mikron)

Vliesnebenteile

- Bauchwolle
- *pieces*: sind schmutzige Wollstücke, vom Vliesrand gezupft.
- *vegetable matter*: stark mit Pflanzenresten verschmutze Rückenwolle bzw. andere Vliesteile.
- *stain*: untere Beinwolle und *crutch*-Wolle.
- *lox*: kurze Kopfwolle, *second-cut*-Wolle und Wollstücke kleiner als *pieces*.

Vlieslinien

- Hauptvlieslinie: mit bestimmter Wolllänge und gesunder weißer Wollfarbe.
- Nebenvlieslinien: jegliche Art von Wolle, die von der Hauptvlieslinie abweicht:
  gleiche Wolllänge, aber farbliche Unterscheidungen (kann mehr als eine sein)
  Länge des Wollvlieses ist kürzer als das Hauptvlies
  cotton: zusammenhaftendes Vlies (selten bei Merinos, meistens sind davon nur Teile im Vlies betroffen)
  mit Läusen befallene Wolle oder Vliesteile
  sandige Partien im Vlies (meistens sind Rückenpartien betroffen)
  tender-Vliese, deren Fasern beim Zerreißtest reißen
  black-wool-Vliese mit einzelnen schwarzen Haarfasern im weißen Vlies

Nebenteile
- *skin*-Wolle mit Hautstücke
- *dags*-Wolle mit Kotstücke
- *brand*-Wolle mit Farbmarkierung

8.11.2 Sortierlinien von Crossbred-Wolle in Neuseeland

Vliesnebenteile
- Bauchwolle
- *frib:* Brustbeinwolle
- *lox*: *second cuts*, Beinwolle, Wollstücke kürzer als *pieces* oder Vlieslänge
- *pieces*: schmutzige Wollstücke vom Rand des Vlieses gezupft
- *top knot*: Wolle vom Kopf (Stirn)
- Kopfwolle um die Augen

Vlieslinien

Hauptlinie
- *cotton*: zusammenhaftendes Vlies
- *yellow*-Vlies mit gelbem Farbeinschlag
- *black*-Vlies mit schwarzen Wollfasern
- *stain*: von Wasser oder Feuchtkot verunreinigte Vliesteile

Nebenteile
- *dags*: Wolle mit Kotstücke
- *raddle*: Wolle mit Farbmarkierungen

Bei Lammwolle und Halbjahreswolle, die generell kürzer ist, wird im Allgemeinen nur die Bauchwolle zusammen mit vereinzelt schmutzigen Wollteilen separiert, sodass zwei Linien entstehen:
- Vlies
- Bauch und schmutzige sowie kurze Vliesteile

8.11.3 Wollerollen in Großbritannien

Wie unterschiedlich die Ansprüche zur Bewertung unterschiedlicher Rassen sein können, zeigt ein weiteres Beispiel aus Großbritannien. Dort wird das Vlies größtenteils, ohne es an den Vliesrändern zu zupfen, zusammen mit der Bauchwolle im Vlies so fest gerollt und mit der Halswolle verfestigt, dass es ein festes Bündel ergibt. Generell zeigt die Unterseite der Wolle nach außen.

Nicht dagegen bei der Rasse Scottish-Blackface. Hier hat bei den Wollbündeln die Außenseite, also die Vliesoberseite, nach außen zu zeigen, weil die äußere Beschaffenheit und Länge der Haare wichtige Bewertungskriterien bei der Qualitätseinstufung dieses Wolltyps sind. In Großbritannien wird Wolle in Wollsammelstellen nachträglich bewertet, klassifiziert und nach bestimmten Qualitätsmerkmalen eingestuft.

The West is the best.

Kim Buckett (1990)
Falklandinseln

Wo ist das Ende der Welt? Dort, wo sie zum Shopping in ein Flugzeug steigen und einen achtstündigen Flug für ihren Einkauf in Kauf nehmen müssen?
Kim Buckett hatte genug vom Inselleben auf den abgelegenen Falklandinseln. Nach dem Vorbild ihres großen Bruders wollte sie die Welt sehen und reisen. Als Woolhandler zog es sie vorerst auf eine andere Insel.

Inselleben kann romantisch, aber auch aufwendig sein. Kim Buckett, 24, kommt von den Falklandinseln. Die liegen im Atlantischen Ozean am südwestlichen Zipfel vor Argentinien. Die etwa 200 Inseln sind zusammen flächenmäßig etwas kleiner als Schleswig Holstein und etwas größer als Jamaika. Die Einwohnerzahl kommt der eines großen deutschen Dorfes nahe, wobei die meisten Insulaner in der Hauptstadt Stanley wohnen. Die beiden großen Hauptinseln werden von den Falkländern einfach als Ost und West bezeichnet. „*The West is the best*" so sagt Kim, denn auf der westlichen Insel leben die meisten Menschen und die meisten der 750 000 falkländischen Schafe.

Aus ihrer Kindheit erinnert sich Kim noch sehr gut an die Shopping Trips nach Santiago de Chile, der Hauptstadt von Chile oder Punta Arena in Patagonien, weil es auf den Inseln einfach nicht viel gab. „*Zu aufwendig dort etwas hin zu verschiffen*" sagt sie. In den Ferien war Amerika das häufigste Ferienziel. Obwohl Argentinien näher zu den Falklandinseln liegt, ist das Land Tabu für jeden Insulaner wegen des nicht sehr lange zurückliegenden Konfliktes, bei dem die Argentinier die Inseln zurückzuerobern versuchten.

Als Kim mit 21 anfing, in der Schafscher- und Wollernteindustrie auf den Falklands zu arbeiten, hatte sie gerade ihre Friseurausbildung beendet, wozu sie wegen der besseren Ausbildungsmöglichkeiten drei Jahre nach England gehen musste. Das englische Königshaus bezahlt und unterstützt diese Ausbildung vollständig, sozusagen als Inselleben-Entschädigung.

Auf den Falklandinseln gibt es nur ein einziges Schafscher-Unternehmen mit ungefähr 20 Leuten, die hauptsächlich in zwei Teams arbeiten. Die Schersaison beginnt im September, dem südhemisphärischen Frühling und dauert bis Februar. Die drei großen Hauptfarmen der Insel halten jeweils um die 60 000 Schafe und liegen alle auf der Westinsel. Ein Team von sechs Scherern plus *Woolhandlern* lebt zur Scherzeit auf der Farm, die bis zu mehreren Wochen dauern kann. Ein kleineres Schafscher-Team, mit zwei bis drei Scherern, schert die Schafe auf den kleineren Farmen mit bis zu 1000 Tieren und auf der Ostinsel. Auf den Falklandinseln beginnt der Schertag um fünf Uhr morgens, und mit etlichen Pausen dazwischen kommen die Scherer auf acht Stunden reine Scherzeit.

Die Anfangszeit war für Kim nicht einfach, denn sie wurde in rauem Ton von den erfahrenen *Woolhandlern* in ihrem Team angeleitet *„mach dies, mach das und wenn möglich schnell"*. Kim schwor sich, diese zermürbende Art des Lehrens so nicht anzunehmen, denn es geht auch freundlicher.

Aber es war Kims großer und doppelt so alter Bruder Roy, der sie inspirierte, mehr von der Welt sehen zu wollen als diese Inseln. Roy arbeitete als Schafscherer in Amerika, Italien, Neuseeland und Australien und Kim entschied sich, es ihm als *Woolhandler* nachzumachen.

Nach einer Schersaison auf den Falklands ging Kim zusammen mit einer Freundin nach Australien zu einem großen Scherunternehmen nach Australien im Norden von Victoria. Dort gefiel es ihr so gut, dass sie schnell heimisch wurde und vorerst nirgends anders hin möchte. In den Scherteams hat Kim sich mittlerweile so weit etabliert, dass sie es nun ist, die Neueinsteiger im *Woolhandling* anleitet und ausbildet, jedoch immer mit einem breiten und freundlichen Lächeln im Gesicht.

9 Scheren im Wettbewerb

Schafe scheren als Sport? Diese Disziplin wird national und international bis hin zu regulären Weltmeisterschaften ausgetragen. Die sportliche Herausforderung ist für viele Scherer ein Anreiz, sich immer weiter zu verbessern. Sie heben den Standard, förder, die Professionalität bei der Wollernte und machen dieses außergewöhnliche schweißtreibende Handwerk so für jedermann zugänglich.

9.1 Worum geht es?

Im Wettbewerb geht es darum, eine bestimmte Anzahl von Schafen zu scheren. Dabei wird die Zeit gemessen. Bewertet werden Fehler während der Schur und die Sauberkeit und Unversehrtheit des geschorenen Schafes nach der Schur. Es gibt regionale Wettkämpfe, Länderwettkämpfe bis hin zu Weltmeisterschaften. Nicht zu verwechseln sind Scherwettbewerbe mit Scherrekorden. Bei einem Scherrekord schert ein Scherer oder ein Team von Scherern über die Zeitspanne eines normalen Arbeitstages hinweg (8 bzw. 9 Stunden). Ziel ist es, so viele Schafe wie möglich zu scheren.

Scheren im Wettbewerb schult das Scheren und macht den Scherer selbstbewusster, weil er unter den kritischen Augen vieler Menschen schert. Nur wer im Scheralltag gut schert, kann unter Wettbewerbsbedingungen gute Leistungen erzielen. Wettkämpfe geben Scherern die Möglichkeit, sich mit anderen Scherern gleichen Levels zu messen und von ihnen zu lernen.

Nicht nur in Deutschland gibt es viele hervorragende Scherer, die nicht wettbewerbsaktiv sind, sondern auch in Ländern, wo Wettbewerbsscheren eine bedeutendere Rolle spielt. Auffallend ist, dass Scherer, die unglaubliche Scherrekorde aufgestellt haben (Neuseeland, Australien) und dem zufolge absolute Könner ihres Handwerkes sein müssen, selten oder überhaupt nicht in Wettbewerbslisten zu finden sind und umgekehrt.

9.2 Schurwettbewerbe in Deutschland

Derzeit finden in Deutschland nur vereinzelt regionale Wettbewerbe und alle zwei Jahre eine bundesdeutsche Meisterschaft statt. Da es in Deutschland keine einheitlichen Bundesländerwettbewerbe gibt, kann jeder an der bundesdeutschen Schafschurmeisterschaft teilnehmen. Je nach Schererfahrung können sich Scherer nach eigenem Ermessen für eine der drei verschiedenen Gruppen anmelden:

- Juniorklasse,
- Mittelklasse,
- Profiklasse.

Es gibt keine statuierten Vorschriften, wonach ein Scherer in einer bestimmten Klasse starten muss. Siegt man allerdings in einer Klasse, dann steigt man automatisch in die nächst höhere auf. Die Klasseneinteilung hat nichts mit dem Alter zu tun, sie bezieht sich lediglich auf den Erfahrungsgrad beim Schafescheren, wobei die Scherer selbst bestimmen, in welche Klasse sie sich bei erstmaliger Teilnahme einordnen.

9.3 Wettbewerbe in anderen Ländern

Wo aufgrund enormer Schafpopulationen das Schafescheren eine größere Bedeutung und sich Wettbewerbsscheren über Jahrzehnte zu einer sportähnlichen Disziplin entwickelt hat, sind die Wettbewerbsbedingungen und -vorschriften etwas anders als in Deutschland. Hier gibt es mehrere Starterklassen:

- Novice,
- Junior,
- Intermediate,
- Senior,
- Open,
- Veteran,

wobei das Alter auch hier keine Rolle spielt, außer für die „Veterans“: Diese Klasse ist für die ältere Generation und die „Ehemaligen“ reserviert. Sie findet eher selten und nur bei großen Wettbewerbsveranstaltungen statt.

Generell werden mit aufsteigender Klasse mehr Schafe geschoren. Das ist auch in Deutschland so. Begonnen wird mit einer bestimmten Anzahl für den Vorlauf. Sie kann von Wettbewerb zu Wettbewerb und je nach Austragungsort verschieden sein. Meistens hängt es davon ab, wie viele Schafe in der Region für einen Wettkampf zur Verfügung stehen und wie viele Teilnehmer starten.

In Semifinals und Finals erhöht sich die Anzahl der Schafe jeweils erneut, bis auf höchstens 20 Schafe im Finale der Open (Klasse) großer Wettbewerbe und Weltmeisterschaften.

9.4 Das Bewertungssystem

Ein international gültiges Bewertungssystem vereinfacht eine länderübergreifende Wettbewerbsteilnahme. Scherer und Richter können sich so konzentriert und einheitlich auf Wettbewerbe vorbereiten. Länder- oder regionalspezifische Regeln können in einzelnen Fällen hinzugefügt werden. Sowohl Scherer als auch Richter werden dann vor Ort darauf hingewiesen und eingeschult.
Fehlerpunkte werden nach einem bestimmten System vergeben:

- während der Schur (Board Punkte)
- nach der Schur am geschorenen Schaf (Pen Punkte)
- Zeit

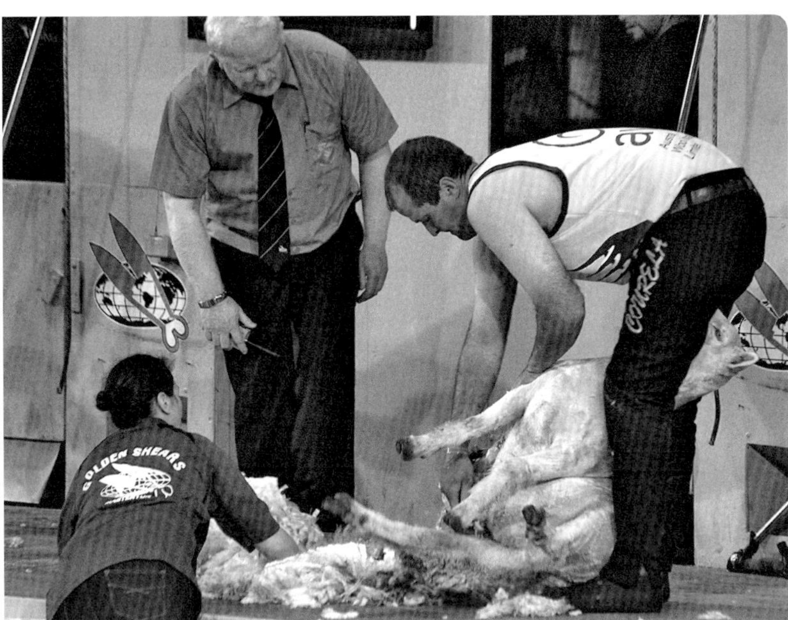

Scherer im Wettbewerb.

Die Vergabe von Fehlerpunkten während und nach der Schur orientiert sich anhand von Fingernagel- und Kreditkartengrößen als Flächenmaß. Die Richter bestrafen stehen gelassene Wolle und Hautschnitte. Gesonderte Vorfälle wie Wollezupfen vor der Schur, das nachträgliche Herausreißen von Wollbüscheln oder grober Umgang mit den Schafen wird pro Vorkommnis bestraft. Diese Fehlerpunkte werden durch die Anzahl der geschorenen Schafe geteilt und ergeben „ganze Fehlerpunkte". Die Zeitpunkte gehen aus einem festgelegten Verteilungssystem hervor, die mit den ganzen Fehlerpunkten aus Board und Pen zusammengezählt werden, was letztlich die Gesamtpunktzahl ergibt. Sieger ist derjenige mit der geringsten Punktzahl.

Beispiel:

Board Punkte:

- 15 Fehlerpunkte zählt ein Richter während der Schur, 5 Schafe waren zu scheren.

15/5 = 3 *Board Punkte = 3*

Zeitpunkte:

- Die Zeit wird mit dem Startbefehl für die Scherer gestartet.
- Alle 20 Sekunden sind 1 ganzer Fehlerpunkt; das ergibt 3 ganze Fehlerpunkte pro 1 Minute.

Der Scherer benötigte 12 Minuten und 45 Sekunden Scherzeit für seine 5 Schafe.

12 min × 3 = 39 ; 45/20 =2,25 *Zeitstrafpunkte = 41,25*

Bewertung des geschorenen Schafes:
Am geschorenen Schaf wird nach stehen gelassener Wolle, Wollpartien und nach Hautschnitten auf dem gesamten Schafkörper geschaut. Die Fläche wird gedanklich nach der Größe eines Fingernagels bzw. Kreditkarten geschätzt und bepunktet. Diese Fehlerpunkte werden durch die Anzahl der geschorenen Schafe geteilt und ergeben „ganze Fehlerpunkte".

- Insgesamt 35 Fehlerpunkte zählt der Richter an den fünf geschorenen Schafen.

35 Punkte/5 Schafe = 7 *Pen Punkte: 7*

3 + 41,25 + 7 = Gesamtwertung: 51,25 Punkte

9.5 Woolhandling im Wettbewerb

Woolhandling im Wettbewerb ist weitaus komplexer als das Scheren. Die Regeln für das Woolhandling entstehen aus den jeweiligen Anforderungen der regionalen Wolleabnehmer und der Wollindustrie eines Landes. Selbst innerhalb eines Landes können rassenspezifische Unterschiede auftreten, die eine verschiedenartige Wollpräparation verlangen. Für Wettbewerbe wird das Bewertungssystem den speziellen Anforderungen des Wollabnehmers vor Ort angepasst und kann neben den Grundregeln im *Woolhandling* sehr variieren. Gravierende Unterschiede bestehen zwischen der Wollpräparation für Feinwolle und Crossbred-Wolle (Mischwolle) bzw. zwischen nördlicher und südlicher Hemisphäre. Woolhandler müssen demzufolge die Anforderungen der Wollindustrie bei jedem Wettbewerb neu erfragen und sich dementsprechend kurzfristig darauf einstellen.

Generell geht es, wie beim Scheren, um Qualität und Schnelligkeit. Qualität im Woolhandling bedeutet, dem gefragten Standard der jeweiligen Wollindustrie am nächsten zu kommen.

Im Wettbewerb sortiert und präpariert ein *Woolhandler* die Wolle einer bestimmten Anzahl von Schafen. Dabei muss der *Woolhandler* nach einem oder zwei Schafen gleichzeitig schauen, während diese geschoren werden.

Je nach Anforderung des Austragungsortes stehen jedem Woolhandler i. d. R.mindestens fünf Körbe bzw. Behälter zur Verfügung. In diese sind unterschiedliche Wollteile, wie z. B. die Bauchwolle, Kopfwolle oder *second cuts*, zu sortieren.

Woolhandling im Wettbewerb.

Die Behälter ordnet der Woolhandler in seinem Wettkampfbereich so an, wie sie für ihn am besten erreichbar sind. Jeder Woolhandler hat seine eigene und in den meisten Fällen gleichbleibende Strategie, die Behälter aufzustellen.

Während der Scherer das Schaf schert, muss der Woolhandler den Scherplatz des Scherers zu jedem Zeitpunkt so sauber wie möglich halten. Dabei gilt es, die Bauchwolle vom Bord zu nehmen, sobald sie geschoren ist, die *crutch*-Wolle zu entfernen und zu sortieren und das Bord zwischen jedem Schafwechsel zu säubern.

Hat der Scherer das Schaf fertig geschoren, nimmt der Wollhandler das Vlies auf und wirft es möglichst genau und flach landend auf den Lattenrosttisch, um es dort ggf. an den Vliesrändern zu zupfen, zusammenzurollen und in den Vliesbehälter zu legen.

Die Schwierigkeit besteht darin, dass der Scherer ohne Wartezeiten weiterschert. Der Woolhandler muss, sobald er ein Vlies auf dem Tisch hat, sowohl dieses bearbeiten als auch den Scherplatz des Scherers weiterhin sauber halten.

Nachdem die vorgesehene Anzahl an Schafen für den jeweiligen Durchgang geschoren sind, wird mit dem Ausschalten der Schermaschine durch den Scherer die Zeit gestoppt. Der Woolhandler versucht nun, so schnell wie möglich die Endreinigung des Wettkampfbereiches zu erledigen. Hier gibt es bis zu einer festgesetzten Zeit (ca. eine Minute) alle fünf Sekunden einen Strafpunkt und danach einen jede Sekunde Strafpunkt.

Während des ganzen Durchgangs wird der Woolhandler von einer Gruppe von Richtern beobachtet und bewertet. Für liegen gebliebene Wollreste auf dem Bord oder Boden und überhängende Vliesteile nach dem Vlieswurf auf den Lattenrosttisch werden Kreditkartengröße und A4-Blattgröße als Flächenmaße zur Strafpunktbewertung aufgenommen. Die Richter rotieren in einem zeitlich vorgegebenen Rhythmus von Wettkämpfer zu Wettkämpfer, um die Bewertung fair zu halten.

Nach dem Durchgang sammelt eine zweite Gruppe von Richtern die Körbe mit den verschiedenen Wollteilen ein und bewertet deren Inhalt. Wollteile, die nicht in den Behälter für die vorgesehene Wolle gehören, werden bestraft. Als Maßeinheit dienen hier 10 × 15 cm große Quadrate.

Bei den meisten Woolhandling-Wettbewerben gibt es nur eine Klasse. Bei großen Wettbewerben wettbewerbsaktiver Länder erweitern sich die Klassen auf maximal drei:

Junior, Senior und Open. Mit ansteigender Klasse werden die Schafe dann schneller geschoren, um den Schwierigkeitsgrad für das Woolhandling zu erhöhen. Die Zeit, in der ein Schaf fertig geschoren sein muss, ist für jede Klasse im Regelwerk für *Woolhandling* genau festgelegt.

9.6 Rekorde im Schafescheren

Schafscher-Rekorde werden nicht wie im Sport während eines Wettkampfes mehr oder weniger zufällig erzielt, sondern sind lang geplante Ereignisse, die vorerst als Rekordversuch bezeichnet werden. Der Herausforderer stellt sich den Bedingungen eines ganz normalen Scheralltages von 8 bzw. 9 Stunden reiner Scherzeit plus Pausen und versucht, die Schafanzahl eines bestehenden Rekords zu brechen oder einen noch nicht bestehenden Rekord neu aufzustellen.

Die ehrgeizigen Neuseeländer halten mit Abstand die meisten Rekorde in der Schererszene, gefolgt von den Australiern und einzelnen Rekorden der Südafrikaner. Es gibt Rekorde für Maschinen- und Bladescheren, individuelle und Teamrekorde, Männer- und Frauenrekorde.

Scherrekorde werden meistens mit Lämmern oder Muttertieren geschoren, wobei eine klare Trennung zwischen Merinoschafen und Crossbred-Schafen erfolgt. So gibt es keine Rekorde für Böckescheren, aber in Australien gibt es Rekorde mit Merinohammeln, weil die Hammelhaltung dort noch sehr verbreitet ist. Vereinzelt gibt es Landesrekorde, wie in England oder Schottland. Diese sind aber nicht vom Weltkomitee für Scherrekorde anerkannt, da die Länder, die Rekorde verzeichnet haben wollen, Mitglied des Komitees für Scherrekorde sein müssen.

1988 stellten die Neuseeländer Alan MacDonald und Keith Wilson einen besonderen Scherrekord auf. Sie schoren zusammen 2220 Schafe in 24 Stunden am Stück.

9.6.1 Organisation eines Rekordversuches

Ein Weltrekordereignis im Schafescheren bedarf langer Vorausplanung und muss beim *World Sheep Shearing Records Committee* angemeldet und nach eigens dafür festgelegten Weltrekordregeln durchgeführt werden. Das *Record Committee* besteht heute aus Vertretern der Länder Neuseeland, Australien und Südafrika sowie aus Richtern aus diesen Ländern.

Der Scherer benötigt mindestens ein Jahr intensiver Vorbereitung für einen Versuch. Zusätzliches Fitness- und Ausdauertraining, eine ausgeklügelte Diät ohne Alkohol und Zigaretten sind Voraussetzung. Der oder die Scherer beauftragen erfahrene Leute, um sie schertechnisch zu beraten, das Material zu überprüfen, zu perfektionieren und nicht zuletzt auch zu motivieren. Für den Rekordversuch braucht man einen Betrieb, der sowohl genug Schafe stellen kann, die den Kriterien der Weltrekordordnung gerecht werden, als auch verpflichtend zwei Richter aus einem anderen Land, als dem, in dem der Rekord stattfindet. Die anfallenden Kosten werden von den Scherern selbst oder verfügbaren Sponsoren getragen.

Dass ein Rekordversuch noch am Tag vor dem geplanten Rekordversuch gecancelt werden kann, war im Januar 2013 der Fall, als ein Team von neuseeländischen Scherern einen Dreistandrekord im Lämmerscheren brechen wollte. Der Grund: Mehr als 10 % der Lämmer hatten nicht genug Wolle an der Stirn. Laut Rekordregeln müssen 90 % der ausgesuchten Rekordschafe genug Wolle auf dem Kopf und der Stirn haben.

9.6.2 Der Rekordversuch

Geschoren wird wie im Alltag der meisten Schafländer im Zweistundentakt.

6:30 Uhr zwei Stunden scheren
8:30 Uhr halbe Stunde Pause
9:00 Uhr zwei Stunden scheren
11:00 Uhr eine Stunde Mittagspause
12:00 Uhr zwei Stunden scheren
14:00 Uhr halbe Stunde Pause
14:30 Uhr zwei Stunden scheren
16:30 Uhr Feierabend

Der Herausforderer schert allein bzw. mit seinem Team. Jeder Scherer hat einen Zeitnehmer, der direkt neben ihm steht. Er stoppt die Scherzeit für jedes einzelne Schaf und hält den Scherer auf dem Laufenden, ob er im vorher festgesetzten Zeitlimit liegt, um den Rekord brechen zu können. Während der Schur wird die Schurtechnik nicht bewertet, aber die geschorenen Schafe werden von mehreren Richtern auf Qualitätsmerkmale geprüft. Die Richter sind verpflichtet, diejenigen Schafe von der Endsumme abzuziehen, die laut Weltrekordkriterien mit unzureichender Qualität geschoren oder zu sehr verletzt wurden.

Gelingt es dem Scherer oder dem Team, den Rekord zu brechen, sind sie offiziell neue Rekordhalter und werden vom *Sheep Shearing Record Committee* in den Rekordlisten vermerkt und mit einem Zertifikat ausgezeichnet.

9.7 Scherrekorde

Tab. 6 8-Stunden-Männer-Rekorde Strong Wool Lämmer

Ivan Scott	744	09/01/2012	Opepe, Station, Taupo	Neuseeland
Cam Ferguson	742	10/01/2011	Bennydale	Neuseeland
Ivan Scott	736	19/12/2008	Rotorua	Neuseeland
Justin Bell	731	06/12/2002	Taupo.	Neuseeland
Dion King	695	24/11/2002	Mangatutu	Neuseeland
Grant Black	637	24/01/2002	Mt Peel	Neuseeland
Digger Balme	621	08/01/1999	Bennydale	Neuseeland
Beau Geulfi	463	02/11/1998	Branxtholme	Australien

Tab. 7 8-Stunden-Männer-Rekorde Strong Wool Muttern

Stacey Te Huia	603	22/12/2010	Mangapehi, Bennydale	Neuseeland
Mathew Smith	578	15/12/2010	Hawkes Bay	Neuseeland
Jimmy Clark	560	23/01/2008	Southland	Neuseeland
Hayden Te Huia	495	11/12/1999	Marton.	Neuseeland
Steven Dodds	452	22/02/1983	Greenvale	Neuseeland

Tab. 8 8-Stunden-Männer-Rekorde Merino Lämmer

Dwayne Black	570	06/10/2002	Yerramullah Park, Badgingarra	West-Australia
Merino Muttern				
Cartwright Terry	466	22/02/2003	Westindale Station	West-Australia
Hilton Barrett	411	24/11/2002	Wellington	Australien
Nick Endacott	406	22/07/2000	Roumalla Park	Australien
Hilton Barrett	351	21/09/1998	Euchareena	Australien
Merino Widder				
Dave Grant	356	20/10/2006	Hughenden, Queensland	Australien
Merino Lämmer Blades				
Sammuel Juba	245	10/02/2006	Victoria West	Südafrika

Tab. 9 8-Stunden-Frauen-Rekorde Strong Wool Lämmer				
Kerri-Jo Te Huia	507	10/01/2012	Te Hape, Bennydale	Neuseeland
Ingrid Baynes	470	13/01/2009	Bennydale	Neuseeland

Tab. 10 9-Stunden-Männer-Rekorde Strong Wool Lämmer				
Dion King	866	10/01/2007	Mangapehi, Bennydale	Neuseeland
Justin Bell	851	04/12/2004	Rotorua	Neuseeland
Rodney Sutton	839	23/12/2001	Taupo	Neuseeland
Alan MacDonald	831	20/12/1993	Waitangaru	Neuseeland
David Fagan	810	22/12/1992	Riversdale	Neuseeland
Alan MacDonald	805	20/12/1990	Waitangaru	Neuseeland
David Fagan	803	20/12/1988	Waitangaru	Neuseeland
Alan Macdonald	762	21/12/1986	Waitangaru	Neuseeland
David Fagan	748	20/12/1985	Waitangaru	Neuseeland
Keith Wilson	626	19/11/1984	Waitangaru	Neuseeland

Tab. 11 9-Stunden-Männer-Rekorde Strong Wool Muttern				
Rodney Sutton	721	31/01/2007	Mangapehi, Bennydale	Neuseeland
Darin Forde	720	28/01/1997	Blackmount	Neuseeland
Dion Morrell	716	01/02/1995	Blackmount	Neuseeland
David Fagan	702	23/02/1994	Blackmount	Neuseeland
Dion Morrell	679	09/02/1994	Te Puna	Neuseeland
Edsel Forde	664	17/02/1992	Blackmount	Neuseeland
David Fagan	656	14/02/1991	Blackmount	Neuseeland
Neil St George	605	20/02/1990	Blackmount	Neuseeland
Stephen Dodds	604	15/12/1987	Edenvale	Neuseeland
Alan Donaldson	586	11/12/1986	Raurimu	Neuseeland

Tab. 12 9-Stunden-Männer-Rekorde Merino Muttern

Dwayne Black	513	05/04/2005	Kojonup	West Australia
Dion Morrell	507	25/08/1997	Tarris	Neuseeland
Grant Smith	447	01/09/1993	Oamarama	Neuseeland

Tab. 13 9-Stunden-Männer-Rekorde Merino Widder

Grant Smith	418	04/11/1999	Ryton Station, Lake Coleridge	Neuseeland
Barry Taylor	405	12/10/1994	Twizel	Neuseeland

Tab. 14 9-Stunden-Männer-Rekorde Merino Lämmer

Dwanye Black	664	03/10/2004	Yerramullah Park Badgingarra	West Australia

Tab. 15 9-Stunden-Frauen-Rekorde Strong Wool Lämmer

Jillian Burney	541	06/01/1989	Bennydale	Neuseeland
Emily Welch	648	27/11/2007	Waikaretu	Neuseeland

Beim Schafescheren kann man sich immer verbessern.

Rainer Blümelhuber (1964)
Bayern

Rainer Blümelhuber ist Schafscherer und Schafhalter. Seine Teilnahme an zahlreichen Scherwettbewerben mit großartigen Erfolgen krönen seine Schererkarriere.
Deutscher Meister 1991, 1994, 1997, 2007, 2009, Vizemeister 1989, 2004, 2011, 2013
Teilnahme an Schafschur-Weltmeisterschaften als Scherer: England 1992, Irland 1998, Südafrika 2000, Schottland 2003, Australien 2005, Norwegen 2008, Wales 2010, Neuseeland 2012, Irland 2014, Bayrische Meisterschaften, Interalpine Meisterschaften in Österreich.

Rainer Blümelhuber ist mit Schafen aufgewachsen. Schon als Kind war er fasziniert von der Arbeit der Scherer, die jedes Jahr als Schurkolonne auf den elterlichen Betrieb kamen. Sein Vater und sein Großvater beherrschten das Handwerk der Schafschur. Mit 19 Jahren folgte er der Familientradition und schor sein erstes Schaf auf der Bank. Bald war er in der Lage, 100 Schafe an einem Tag zu scheren. Als in den 1980er-Jahren die Bodenschurtechnik in Bayern Einzug hielt, stellte Rainer auf Bodenschur um. Er ist der Überzeugung, dass man sich viel selbst beibringen kann, *„learning by doing"*. Bei seiner allerersten Teilnahme an der deutschen Meisterschaft 1989 wurde er Zweiter.

Für Rainer begann mit der Schafschererei ein Leben mit zwei Standbeinen: An einigen Tagen ist er Schafscherer, an anderen Bauer, aber an den meisten Tagen im Jahr ist er beides zugleich. Rainer lebt er in einer Region mit intensivem Ackerbau, wo Böden wertvoll sind. *„Deswegen habe ich das Schafscheren nie ganz sein lassen."*

Seine 600 Schafe muss er auf 70 ha satt bekommen, plus Winterfutterproduktion. Eine optimale Nutzung seiner Flächen ist nur durch

Portionsbeweidung möglich. Seit 1995 hat Rainer einen Stall, in dem die Schafe ab Januar versorgt werden. Die Schererei zusammen mit der Hofbewirtschaftung ist nur mit der Unterstützung seiner Familie möglich. In besonders arbeitsintensiven Zeiten hat er eine Aushilfe.

Seine Schersaison in Deutschland beginnt Ende Januar und geht bis Juli. Ab September zieht er Richtung Süden, nach Garmisch und Österreich, um dort die Bergschafe zu scheren. Seit 2004 arbeitet er mit einem Schuranhänger, auf dem vier Scherer gleichzeitig scheren und sich die Schafe selbst aus einem Haltestand fangen können. Der Schuranhänger wurde so entwickelt, dass er sowohl im Scheralltag als auch bei Schurmeisterschaften eingesetzt werden kann. Durch einen speziellen Anbau können dann mehrere Schafe hinter jedem Scherstand in einer Box aufgestellt werden. Der Schuranhänger kommt auf Schurmeisterschaften in Deutschland, Österreich und Tschechien zum Einsatz.

Meistens arbeitet Rainer mit seiner Schurkolonne in einem Umkreis von 270 km von seinem Hof. Eine kleine Gruppe fester Stammscherer ermöglicht ihm, je nach Bedarf auf Scherer zurückzugreifen, denn alle „seine“ Scherer haben ebenfalls anderweitige Hauptbeschäftigungen. Glücklicherweise gibt es heute genug Scherer. Das war nicht immer so: *„Vor zehn Jahren gab es einen Mangel an Scherern.“*

Rainer ist auch aktiver Wettbewerbsscherer. Er nahm an unzähligen bayrischen Meisterschafen teil, wurde u. a. Erster bei der Interalpin in Österreich, fünfmal Deutscher Meister, viermal Deutscher Vizemeister und vertrat Deutschland neunmal bei Schur-Weltmeisterschaften.

Was genießt du als Schafscherer am meisten?

... den Umgang mit Tieren.
... zufriedene Kunden.
... Kontakt zu Leuten.
... beim Schafescheren kann man sich immer verbessern.

Was gefällt dir als Schafscherer überhaupt nicht?

... manchmal das Fahren.
... cholerische Schäfer.
... Leute, die die Nerven verlieren.

Was macht aus deiner Sicht einen guten Schafscherer aus?

... eine ruhige Hand.
... schnelles und sauberes scheren.
... in Bayern legen sie großen Wert auf sauberere Schur, der Schäfer steht bei der Herde, der will keine Streifenhörnchen.
... guter Umgang mit den Tieren.
... du kannst nicht den ganzen Tag Schafe beleidigen, das kostet zu viel Kraft.

Was sind besonders schöne Momente als Schafscherer?

... die fünf Meistertitel.
... habe 2008 die Interalpin gewonnen mit internationaler Beteiligung.
... jede Weltmeisterschaft. Du denkst, du bist einigermaßen schnell und kommst da hin, und es geht noch schneller.
... bei Weltmeisterschaften unter lauter Vollprofis immer gute Mittelplätze belegt zu haben.

Service

Adressen und Links

Reparaturen, Ersatzsteile und Schleifarbeiten

Wolfgang Koepke
Alte Näherstiller Straße 9
98574 Schmalkalden
Tel. 0 36 83/60 56 60

Kleißner Schäfereibedarf
Tannenweg 17
97941 Tauberbischofsheim
Telefon: 0 93 41/48 57
Telefax: 0 93 41/1 31 51
kleissner@schaefereibedarf.de

H. Hauptner und Richard Herberholz
GmbH & Co. KG
Kullerstr. 38–44
42651 Solingen
Tel. 02 12/25 01–0
Fax 02 12/25 01–150
Email: info@hauptner-herberholz.de

Franz Gattinger KG
Aidlinger Straße 1
82395 Obersöchering
Tel. 0 88 477326
info@schermesser-schleifen.de
www.schermesser-schleifen.de/

horizont group gmbh
Division agrartechnik
Homberger Weg 4–6
34497 Korbach
Tel. 0) 56 31/5 65–1 00
Fax. 0 56 31/5 65–1 20
Email agrar@horizont.com
www.horizont.com

Heiniger AG
Industrieweg 8
3360 Herzogenbuchsee
Switzerland
Tel. +41 (0)62 956 92 00
kontakt@heiniger.com

Internet

www.schafscherer.jimdo.com
Verein Deutscher Schafscherer e. V.
Kirchstr. 21
72555 Metzingen-Glems
Tel. 0713/42 058
Mobil 0170/0 11 790
Fax 071 23/20 04 57
info@verein-deutscher-schafscherer.de

www. heininger.ch
www. icebreaker.com
www. shearingworld.com
www. sheepusa.org
www. iwto.com

Bildquellen

Alle Fotos im Innenteil und auf dem Titel stammen von der Autorin, außer:

Doreen Kauschus: Seite 85, 86, 87, 88, 89, 90, 91, 92, 138, 139, 155

Caleb Adams: Seite 30, 80, 93

Jörg Ibsen: Seite 41 links, 171, 179

Jentsch/Kusserow: Seite 38

Kacee Artridge: Seite 141

Susanne Grimm: Seite 111

Literatur und Quellen

aid (1996): Schaf- und Ziegenrassen.

Bohm, I. (1873): Die Schafzucht. 1. Teil Die Wollkunde. Verlag von Wiegandt, Hempel & Paren

Massy, Ch. (1990): The Australian Merino. Viking O'Neil Penguin Books Australia

Meadows, G. (2008): Pocket Guide To Sheep Breeds Of New Zealand. New Holland Publishers (NZ) Ltd, Auckland

New Zealand Merino Stud Breeders Review (2006).

Riseborough, H. (2010): Shear hard work. Auckland University Press

Schwark, H.-J.; Jankowski, St.; Veress, L. (1981): Internationales Handbuch der Tierproduktion Schafe. VEB Deutscher Landwirtschaftsverlag, Berlin

Tectra (2006): Shearing Handbook. Tectra Ltd

Wagner G., Schröder, U. (2009): Essen Trinken Gewinnen. Pala Verlag GmbH

Wikipedia

Stichwortverzeichnis

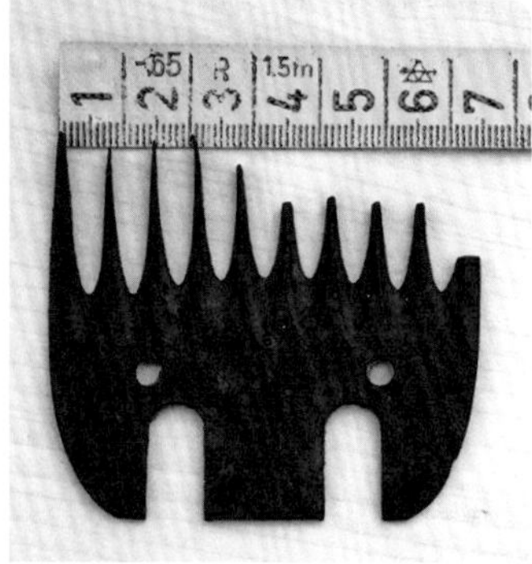

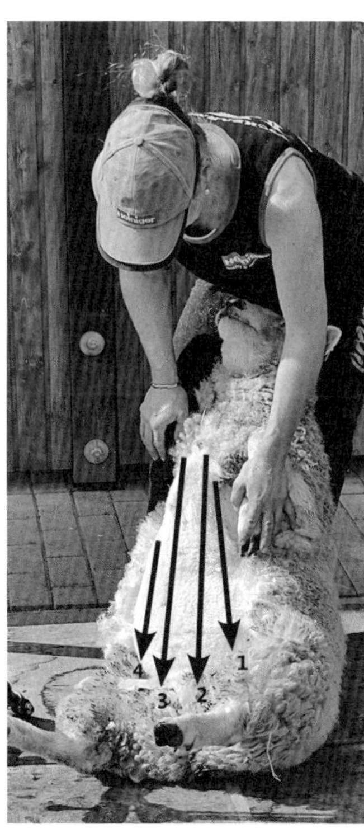

4
3
2
1

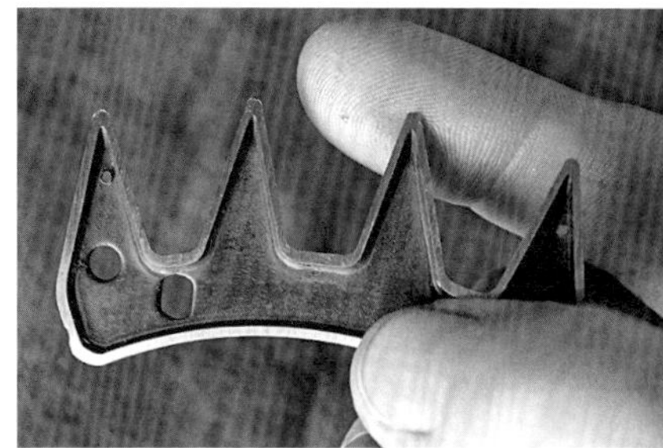

Stefanie Kauschus hat in Halle/Saale und in Wien Agrarwissenschaften studiert und ist seit mehreren Jahren professionelle Schafschererin, hauptsächlich in Australien.

Die in diesem Buch enthaltenen Empfehlungen und Angaben sind von der Autorin mit größter Sorgfalt zusammengestellt und geprüft worden. Eine Garantie für die Richtigkeit der Angaben kann aber nicht gegeben werden. Autorin und Verlag übernehmen keinerlei Haftung für Schäden und Unfälle.

Bibliografische Information der Deutschen Nationalbibliothek
Die Deutsche Nationalbibliothek verzeichnet diese Publikation in der Deutschen Nationalbibliografie; detaillierte bibliografische Daten sind im Internet über http://dnb.d-nb.de abrufbar.

Wollgrasweg 41, 70599 Stuttgart (Hohenheim)
E-Mail: info@ulmer.de
Internet: www.ulmer.de
Lektorat: Werner Baumeister
Satz: pagina GmbH, Tübingen
Reproduktion: timeRay visualisierungen, Herrenberg
Umschlagentwurf: Atelier Reichert, Stuttgart
Druck und Bindung: Friedrich Pustet, Regensburg
Printed in Germany

ISBN 978-3-8001-8281-7

WAHL
AGRAR FACHVERSAND
Wahl hat's.
AESCULAP
Econom II
GT494
• Schafschermaschinen aller gängigen Fabrikate
• Weidezäune und Schafzäune im Vollsortiment
• Steckhorden und Tränkebecken
• Und vieles mehr...
KATALOG 2014/15
Weitere Artikel finden Sie online oder in unserem Katalog.
Jetzt kostenlos bestellen!
WAHL GmbH Welserstraße 2 | 87463 Dietmannsried / Allgäu
Tel 0 83 74 / 580 93-0 | Fax 0 83 74 / 580 93-99
info@agrar-fachversand.com | www.agar-fachversand.com

Mein Friseur schwört auf constanta4!
Alles für die Schafzucht auf www.kerbl.de
KERBL constanta4
AZ561
• 400 Watt
• 2400 Doppelhübe/min
Made in Germany
DLG FOKUS TEST
10/12 Schurqualität
Der Verkauf erfolgt über den Fachhandel
Albert Kerbl GmbH Felizenzell 9 84428 Buchbach, Germany www.kerbl.de
KERBL